美味・蓬鬆・零失敗的

幸福甜點30＋♥

鬆餅粉

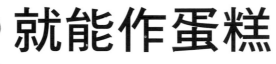

就能作蛋糕

新手也能作出可愛的甜點！

contents

色香味俱全的零失敗甜點
Momora流糕點裝飾課

MEMO

※份量標記的1小匙＝5㎖、1大匙＝15㎖。

※烤箱的性能依種類而異，食譜內的溫度和烘烤時間僅供參考，請配合自身使用的烤箱進行調整。

※本書使用600W的微波爐。若是500W的微波爐，加熱時間為1.2倍，請依照瓦數適當調整時間長短。

※本書使用無鹽奶油。

※甜點頁的 BASIC B 為基本篇、VARIATION V 為應用篇。

美味可口！

賞心悅目！

我採用的甜點作法、
其實易如反掌！

我經常烘焙甜點當作伴手禮，

也因此常被問到像「能改用鬆餅粉製作嗎？」、

「想知道無奶油版本的食譜」一類的問題。

所有人最想知道的甜點作法，總之就是簡單。

於是我開始思考如何利用最少的材料、最省事的步驟，

打造一本初學者也不怕失敗的食譜。

次頁起將開始介紹我的獨門秘訣，以及簡單製作甜點的重點。

甜點新手也請安心閱讀。

靈活運用
方便的**鬆餅粉**

鬆餅粉就是加入發粉、香料、砂糖等，

製作麵糊所有必要材料的預拌粉。

有了鬆餅粉，從烘焙點心到正式蛋糕，

統統都能搞定，堪稱魔法粉末。

鬆餅粉的優點

除了方便簡易之外，會確實膨脹，能打造
蓬鬆柔軟口感、容易呈現烤色等，也都是
鬆餅粉特有的優點，既不用費事秤量各種
材料，也兼顧經濟實惠。

請注意以下事項！

膨脹程度依製造商而異

儘管以相同食譜製作，使用
不同廠牌的鬆餅粉，有時會
發生難以膨脹的情況。若認
為膨脹程度不盡理想，改以
不同廠牌的鬆餅粉也是一種
方式。烘焙好的甜點經過一
天後，鬆餅粉特有的氣味和
粉渣感就會消失，會更加美
味可口。

製作海綿蛋糕類的甜點
需要事先過篩

基本上鬆餅粉可不用過篩，
但由於鬆餅粉容易吸水，製
作像瑞士卷、水果蛋糕一類
的蛋糕，往往容易結塊而影
響外觀，因此事先過篩就能
安心。如果手邊沒有麵粉
篩，也可採用竹篩過篩，或
是用打蛋器攪拌亦可。

使用麵粉篩

使用打蛋器

提早檢查烘烤程度

雖然鬆餅粉容易呈現烤
色，但部份甜點未必適合
烤色過深。遇到這種情
況，可將計時器的提醒時
間設定成比烘焙時間提早
五分鐘，試著在中途確認
烘焙情況，
避免烘烤過
度。

基本材料也
相當簡單！

為了讓各位能利用家中現成用品，或是方便購買的材料，
所以每道食譜的用料都很簡單。
其中還包含只以麵粉、油脂和糖三種材料就能烘焙的食譜！
善用不同的砂糖和油脂，甚至還能變換口感。

沙拉油

奶油

人造奶油

油脂

依甜點種類
使用奶油或沙拉油

想打造鬆軟馥郁的滋味，或是覺得味道和香氣太淡缺乏衝
擊力時，就用無鹽奶油（若沒有可換成人造奶油）。想打
造酥脆口感、配合柑橘、可可粉等香味濃郁的材料時，建
議使用沙拉油。依照追求的風味和口感靈活運用材料，是
我一貫的原則。

細砂糖

砂糖

有細砂糖便能輕而易舉地完成

雖然絕大多數的甜點食譜都是使用上白糖，但海綿蛋糕類
的蛋糕則是推薦使用細砂糖。可以享用到坊間蛋糕般輕
盈、鬆軟的口感。由於上白糖的特徵是會呈現略帶Q彈的
質感，所以適合製作磅蛋糕、杯子蛋糕跟餅乾等甜點。

愛用器具
只有這幾樣！

製作甜點難免給人用具繁多的印象，
但本書食譜只要準備下列器具和調理盆就好。
我的廚房走極簡風，廚具多半非黑即白，
也有許多是百元商店就能買到的用品。

這也是百元商品！

打蛋器

備妥尺寸大至小約四種打蛋器就會很方便。鐵絲多、手柄穩固的打蛋器比較順手好用。

橡皮刮刀

比起高級品，我更偏愛百元商店的產品，奶霜醬也能輕易舀起。

濾茶網

用來撒上最後裝飾的糖粉等。百元商店的商品網孔偏粗，撒粉時速度很快（笑）。

方便好用！

刷子・湯匙

刷子使用容易清洗的矽膠製品。湯匙選用握柄長的尖頭款式較容易使用。

麵粉篩

百元商店的產品意外地堅固耐用，至今仍愛用中。若手邊沒有，以竹篩代用亦可。

手提式攪拌機

打發鮮奶油、製作蛋白霜的利器。我個人是使用能夠揉麵的型號。

蛋糕刀

有大中小三把。若刀刃長達30cm，就能一口氣將海綿蛋糕一切為二。

萬用利器

切刀

可以攪拌、鏟起及割劃麵糊紋路等，相當萬用。輕薄不占空間，所以我有好幾把。

磅秤

計量的必備品。有了秤重限制高達3KG的磅秤，就能接二連三地放入材料，相當方便。

計時器

主要用於提醒確認烘焙是否完成。提醒時間設定成比烘焙時間提早五分鐘，就能確認烤色。

噴霧器

製作泡芙內餡的必備器具。同樣購於百元商店，能充分發揮功用。

紙烤模作法及
烘焙紙鋪設方法

紙烤模的作法及烘焙紙鋪法，都是製作甜點的基本功，所以事先學會吧！

以厚紙板製作烤盤，不但能依個人喜好決定尺寸，

也不必破費買好幾種烤盤，是相當經濟實惠的作法。

紙烤模　可將瑞士卷等方形海綿蛋糕，製作成想要的尺寸。

1
在厚紙板上依照想製作的尺寸描繪裁切線，四邊立起的部份預留折邊後剪裁，最後在四個邊角剪出切口。

2
將折邊和邊角往內折，組合成盒狀。

3
以訂書機固定邊角重疊的部份。

4
紙烤模完成。使用時在紙烤模上鋪烘焙紙，再倒入蛋糕麵糊。

烘焙紙　這個鋪設方法也能用在磅蛋糕模型。

1
將烘焙紙裁切成略大於紙烤模的大小。將紙烤模翻過來，放上烘焙紙對照尺寸，將四周往內折成與底部等大。

2
在四個邊角剪出切口。

3
放入紙烤模內，內折邊角恰好鋪滿烤盤。

4
由於麵糊遇熱會膨脹，因此烘焙紙必須略高於烤盤。

※若不希望海綿蛋糕呈現烤色，請在烤盤與烘焙紙間鋪上瓦楞紙。

鬆 餅 粉 甜 點

研究鬆餅粉才發現，

能烘焙的甜點遠比我想像得還多。

除了磅蛋糕、餅乾、甜甜圈等基本款甜點外，

連高難度的海綿蛋糕跟泡芙都OK！

並且更不容易失敗，所以能夠輕鬆挑戰。

無論是挑喜歡的甜點先作，還是從頭開始全面征服都可以，

快樂地徜徉在鬆餅粉甜點的世界吧。

BASIC
B

以形狀單純的甜點來打穩基礎

牛奶瑞士卷

原本使用低筋麵粉製作的食譜，以鬆餅粉加以改良！
隨個人喜好添加洋酒和利口酒也OK。

分切蛋糕的秘訣在於冷凍。待蛋
糕降溫至不燙手後，整條以保鮮
膜包起來冷凍，並於半解凍時分
切，就能將蛋糕切得很漂亮。

::: **材料** ::

25×28cm的烤盤 1個份

【海綿蛋糕麵糊】

鬆餅粉 ⋯⋯⋯⋯⋯⋯⋯⋯⋯⋯60g
蛋 ⋯⋯⋯⋯⋯⋯⋯⋯⋯⋯⋯⋯4顆
細砂糖（可換成上白糖）⋯⋯⋯50g

【奶霜醬】

　　┌ 鮮奶油 ⋯⋯⋯⋯⋯⋯⋯200㎖
A ┤ 細砂糖（可換成上白糖）
　　│ ⋯⋯⋯⋯⋯⋯⋯⋯⋯20至30g
　　└ 香草精 ⋯⋯⋯⋯⋯⋯⋯少許

::: **事前準備** ::::::::::::::::::::::::::

・在紙烤模（或烤盤）上鋪設烘焙紙
（⇒P8）。

・烤箱預熱至200℃。

::: **作法** ::

☞製作海綿蛋糕麵糊

1 將蛋與細砂糖放入調理盆內，以手提式攪拌機打至**泛白**。

2 當麵糊打出沉滯感，滴落呈緞帶狀時，改用果汁機以低速攪打1分鐘。

整個過程約10分鐘。一邊隔水加熱一邊攪拌，就能締造質地更細緻的麵糊。

3 鬆餅粉分數次過篩加入**2**中，以橡皮刮刀由下往上**充分攪拌約50次**。

當麵糊呈現光澤感時就OK。攪拌不足會烤出質地粗糙的蛋糕，攪拌過度則會烤出過於緊實、口感欠佳的蛋糕。

☞烘烤海綿蛋糕

4 麵糊均勻倒滿烤盤，以切刀抹平表面。數次提起烤盤垂直落在桌面上，以排除大氣泡。

5 將紙烤模擺在網架或是烤盤上，以200℃的烤箱**烘烤10分鐘**。出爐後以保鮮膜封起，放在網架上至完全冷卻。

烤好後以竹籤刺刺看，若竹籤上有沾黏麵糊就再烤2至3分鐘。

☞製作奶霜醬・捲起蛋糕

6 將A料放入調理盆內，以手提式攪拌機打發至尖角挺立的程度（九分發），作成奶霜醬。

如果想要偏硬的奶霜醬，也可添加吉利丁粉攪拌（⇒P53）。

7 待**5**冷卻後緩慢掀起保鮮膜，將蛋糕脫模，然後將蛋糕翻過來撕除烘焙紙。兩端以45度角斜切（配合捲起的方向），放在略大於蛋糕體的保鮮膜上。

奶霜醬要塗滿至邊緣。

8 先以奶霜醬薄**塗整體**，將剩餘的奶霜醬放在正中央，提起保鮮膜捲起蛋糕體，使兩端切面的相接，在裹住保鮮膜的情況下**放入冰箱冷藏1小時**。

將保鮮膜開口朝下，將透明文件夾拗圓，由上方固定蛋糕，就能保持漂亮的形狀。

decoration

以濾茶器撒上適量糖粉即完成。

步驟5使用保鮮膜的目的，除了保濕之外，還有撕去蛋糕體表面有烤色的部分，以呈現蜂蜜蛋糕般的美麗色澤。

VARIATION
v

色彩繽紛 ☆

水果瑞士卷

在牛奶瑞士卷內加入水果。
水果酸味和奶油甜味醞釀出絕佳滋味。連剖面都可愛♡

::: 材料 ::

25×28cm的烤盤 1個份

【海綿蛋糕麵糊】

鬆餅粉	60g
蛋	4顆
細砂糖（可換成上白糖）	50g

【奶霜醬】

A
鮮奶油	200㎖
細砂糖（可換成上白糖）	20至30g
香草精	少許

喜歡的水果（草莓、黃桃、奇異果等）
.... 各適量

::: 事前準備 ::::::::::::::::::::::::::::::::

・在紙烤模（或烤盤）上鋪設烘焙紙（⇒P8）。

・烤箱預熱至200℃。

・水果各切成1cm丁狀。

☞製作海綿蛋糕麵糊

1 將蛋與細砂糖放入調理盆內，以手提式攪拌機打至泛白。

2 當麵糊打出沉滯感，滴落呈緞帶狀時，改用果汁機以低速攪打1分鐘。

整個過程約10分鐘。一邊隔水加熱一邊攪拌，就能打造質地更細緻的麵糊。

3 鬆餅粉分次過篩加入**2**，以橡皮刮刀由下往上充分攪拌約50次。

當麵糊呈現光澤感就OK。攪拌不足會烤出質地粗糙的蛋糕，攪拌過度則會烤出過於緊實、口感欠佳的蛋糕。

☞烘烤海綿蛋糕

4 將麵糊均勻倒滿烤盤，以切刀抹平表面。數次提起烤盤垂直落在桌面上，以排除大氣泡。

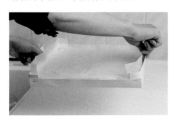

5 將紙烤模擺在網架或烤盤上，以200℃的烤箱烘烤10分鐘。出爐後以保鮮膜封起，放在網架上至完全冷卻。

烤好後以竹籤刺刺看，若竹籤上有沾黏麵糊就再烤2至3分鐘。

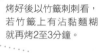

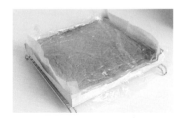

☞製作奶油‧捲起蛋糕

6 將A料放入調理盆內，以手提式攪拌機打發至尖角挺立的程度（九分發），作成奶霜醬。

如果想要偏硬的奶霜醬，可添加吉利丁粉攪拌（⇒P53）。

7 待**5**冷卻後緩緩掀起保鮮膜，將蛋糕脫模，然後將蛋糕翻過來撕除烘焙紙。兩端以45度角斜切（配合捲起的方向 參考**P11**的步驟**7**），放在略大於蛋糕體的保鮮膜上。

8 先以奶霜醬薄塗整體，分散配置一半份量的水果丁。接著再抹上一層奶霜醬，將整體抹平。

9 再度分散配置剩下的水果丁，並將剩餘的奶霜醬放在正中央。提起保鮮膜捲起蛋糕體，使兩端切面相接，在裹住保鮮膜的情況下，放入冰箱冷藏1小時即完成。

奶霜醬從兩端溢出也OK。

將保鮮膜開口朝下，將透明文件夾拗圓，由上方固定蛋糕，就能保持漂亮的形狀。

拌入香味濃郁的可可粉
巧克力瑞士卷

學會基本作法後，可嘗試製作巧克力口味。
巧克力麵糊加上巧克力奶霜醬，使甜食愛好者心滿意足的滋味。

::: **材料** :::::::::::::::::::::::

25×28cm的烤盤 1個份

【海綿蛋糕麵糊】

鬆餅粉	60g
蛋	4顆
細砂糖（可換成上白糖）	80g
可可粉（無糖）	20g
沙拉油	20g

【奶霜醬】

鮮奶油	200㎖
板狀巧克力	60g

::: **事前準備** :::::::::::::::::

- 可可粉和鬆餅粉一起過篩。
- 在紙烤模（或烤盤）上鋪設烘焙紙（⇒P8）。
- 烤箱預熱至200℃。
- 切碎板狀巧克力。

加入沙拉油，是為了預防蛋糕體在捲起的過程中破裂。巧克力麵糊容易乾燥，加入油脂是必須的。

::: **作法** :::

☞**製作海綿蛋糕麵糊**

1 將蛋及細砂糖放入調理盆內，以手提式攪拌機打至泛白。當麵糊打出沉滯感，滴落呈緞帶狀時，改用果汁機以低速攪打1分鐘。

2 混合鬆餅粉跟可可粉，分次過篩加入1，然後以橡皮刮刀攪拌。待粉末感消失後加入沙拉油，由下往上充分攪拌約50次。

3 將麵糊均勻倒滿烤盤，以切刀抹平表面。數次提起烤盤垂直落在桌面上，以排除大氣泡。

4 以200℃的烤箱烘烤12分鐘。出爐後以保鮮膜封起，放在網架上至完全冷卻。

☞**製作奶霜醬・捲起蛋糕**

5 切碎的巧克力放入小鍋內，隔水加熱融化後移開熱水放涼。

6 將鮮奶油放入調理盆內，以手提式攪拌機打發至尖角稍微挺立的程度（八分發）。加入5繼續攪拌至尖角挺立（九分發），作成奶霜醬。

7 待4冷卻後，緩緩掀起保鮮膜。將蛋糕脫模，然後將蛋糕翻過來撕除烘焙紙。兩端以45度角斜切（配合捲起的方向⇒參考P11的步驟7），放在略大於蛋糕的保鮮膜上。

8 先將奶霜醬薄塗整體，再將剩餘奶霜醬放在正中央，提起保鮮膜捲起蛋糕體，使兩端的切面相接，在裹住保鮮膜的情況下，放入冰箱冷藏1小時。

decoration

以濾茶器撒上適量可可粉即完成。

淡淡咖啡香締造成熟風韻

摩卡瑞士卷

這是一款傳統蛋糕卷,略微偏甜的咖啡口味,
不嗜甜者也能欣然接受的蛋糕。

::: 材料 :::

25×30cm的烤盤 1個份

【海綿蛋糕麵糊】

鬆餅粉	60g
蛋	4顆
細砂糖(可換成上白糖)	70g
即溶咖啡粉	1大匙沙拉油
	20g

【奶霜醬】

A	鮮奶油	200㎖
	細砂糖(可換成上白糖)	
		20至30g
	香草精	少許

::: 事前準備 :::

・在紙烤模(或烤盤)上鋪設烘焙紙。
(⇒P8)。
・烤箱預熱至200℃。
・以1大匙的熱水溶解咖啡粉。

為充分展現頂層奶霜醬裝飾,和內
餡的奶霜醬同樣打發至硬挺吧。

::: 作法 :::

☞製作海綿蛋糕麵糊

1 蛋、細砂糖放入調理盆內,以手
提式攪拌機打至泛白。當麵糊
打出沉滯感,滴落呈緞帶狀時,改
用果汁機以低速攪打1分鐘。

2 將鬆餅粉分次過篩加入1,以
橡皮刮刀攪拌。粉末感消失後
加入咖啡液和沙拉油,以橡皮刮刀
由下往上充分攪拌約50次。

3 將麵糊均勻倒滿烤盤,以切刀
抹平表面。數次提起烤盤垂直
落在桌面上,以排除大氣泡。

4 以200℃的烤箱烘烤12分鐘。
出爐後以保鮮膜封起,放在網
架上至完全冷卻。

☞製作奶霜醬・捲起蛋糕

5 將A料放入調理盆內,以手提
式攪拌機打至尖角挺立的程度
(九分發),作成奶霜醬。

6 待4冷卻後緩緩撕起保鮮膜。
將蛋糕脫模,然後將蛋糕反過
來撕除烘焙紙。兩端以45度角斜切
(參考P11的步驟7),放在略大於
蛋糕的保鮮膜上。從靠自己的一端
往後輕劃5條間距2cm的刀痕(劃
法可參考P87的步驟7)。

7 先以奶霜醬薄塗整體,剩餘的
奶霜醬放在靠自己那端的蛋糕
上,提起保鮮膜捲成螺旋狀,在裹
著保鮮膜的情況下,放入冰箱冷藏
1小時。

decoration

將打至九分發的鮮奶油(份
量外)放在裝有星型花嘴的
擠花袋裡,進行點綴。最後
以濾茶器篩撒適量可可粉即
完成。

BASIC
B

基底蛋糕與瑞士卷相同
草莓鮮奶油蛋糕

沒有蛋糕模也能烘焙的簡單方形蛋糕。
連裝飾方法也很簡單，不容易失敗。

只要仔細抹平頂層的奶霜醬，外
觀就會賞心悅目。如果沒有蛋糕
抹刀，亦可使用料理刀。

16

::: 材料 ::::::::::::::::::::::::::::::::::::::

25×25cm的烤盤 1個份

【海綿蛋糕麵糊】

鬆餅粉……………………………………60g
蛋……………………………………………4顆
細砂糖（可換成上白糖）…………50g

【奶霜醬】

A ┌ 鮮奶油…………………………300mℓ
  │ 細砂糖（可換成上白糖）
  │ …………………………………30至45g
  └ 香草精……………………………少許

【裝飾】

草莓………………………………約18顆

::: 事前準備 :::::::::::::::::::::::::::

・在紙烤模（或烤盤）上鋪設烘焙紙。
・烤箱預熱至200℃。
・將草莓去蒂，取6顆對半縱切。

::: 作法 ::

製作海綿蛋糕麵糊

1 將蛋與細砂糖放入調理盆內，以手提式攪拌機打至泛白。

2 當麵糊打出沉滯感，滴落呈緞帶狀時，改用果汁機以低速攪打1分鐘。

過程約10分鐘。一邊隔水加熱一邊攪拌，就能打造質地更細緻的麵糊。

3 將鬆餅粉分次過篩加入1，以橡皮刮刀由下往上充分攪拌約50次。

當麵糊呈現光澤感就OK。攪拌不足會烤出質地粗糙的蛋糕，攪拌過度則會烤出過於緊實、口感欠佳的蛋糕。

烘烤海綿蛋糕

4 將麵糊均勻倒滿烤盤，以切刀抹平表面。數次提起烤盤垂直落在桌面上，以排除大氣泡。

5 以200℃的烤箱烘烤10分鐘。

烤好後以竹籤刺刺看，若竹籤上有沾黏麵糊就再烤2至3分鐘。

6 出爐後以保鮮膜封起，放在網架上至完全冷卻。

☞點綴裝飾

7 將A料放入調理盆內,以手提式攪拌機打至尖角挺立的程度（九分發）,作成奶霜醬。

8 將6的蛋糕體對半切開,切除長邊（有呈現烤色的部份）的兩側。

9 將兩片海綿蛋糕整體薄塗一層奶霜醬,草莓兩兩並排配置。於兩排草莓中間填入奶霜醬。

草莓若直立排列,切開後會很漂亮,但橫躺排列也OK。

10 在草莓上方充分塗抹奶霜醬,將另一片海綿蛋糕反過來蓋上。以抹刀在蛋糕的側面、正面及背面抹上奶霜醬,並填補縫隙。然後切掉蛋糕頭尾兩端。

由上往下輕輕按壓,可穩固蛋糕整體。

11 在蛋糕整體上塗抹奶霜醬,也可依個人喜好切掉蛋糕四個邊。頂層以對半切開的草莓裝飾,再擠上打發鮮奶油點綴即完成。

只要以抹刀將頂層抹平整,美觀度就會大大加分。

POINT

以加熱過的刀切掉四邊（靠近自己那端要露出一半的草莓）看起來會很專業。當然不切掉也OK!清洗過的草莓要確實拭乾水分再使用。

與草莓鮮奶油蛋糕材料相同

軟綿綿 ☆ 海綿圓蛋糕

使用和前頁所介紹的草莓鮮奶油蛋糕相同材料，只要調整配方和烤模就能
製作的海綿圓蛋糕。無油配方，口感一樣濕潤柔軟♪　很容易就能順利膨
脹。蛋糕裝飾請參考P18。冷凍存放也OK（請在1週內食用完畢）。

::: **材料** ::::::::::::::::::::::

18cm的圓形蛋糕烤模1個份

鬆餅粉 ……………………………… 90g
蛋 …………………………………… 4顆
細砂糖（可換成上白糖）…………… 80g

::: **事前準備** ::::::::::::::::::::::

・在烤模上鋪設烘焙紙。
・烤箱預熱至170℃。
・蛋回至常溫。

::: **作法** ::::::::::::::::::::::

1 仿照P17的步驟1至3，製作海綿蛋糕麵糊。

2 將麵糊均勻入鋪有烘焙紙的烤模，抹平表面。數次提起烤模垂直落在桌面上，以排除大氣泡。

3 1以170℃的烤箱烘烤25至30分鐘。烤好後將蛋糕脫模，撕除烘焙紙，放在網架上冷卻即完成。

出爐後以竹籤刺刺看，若竹籤上有沾黏麵糊就再烤五分鐘。

熟練基本作法！

泡芙

使用容易膨脹的鬆餅粉，就算是第一次作也不會失敗！
若內餡想填入卡士達醬，請參考P22的作法。

材料務必要回至常溫，適逢天氣
較冷或是容器冰冷時，可先將容
器以微波爐加熱30秒。

::: **材料** :::

10個份

【泡芙皮】

鬆餅粉······················50g

A ┌ 水·······················100㎖
　├ 沙拉油···················45g
　└ 鹽·······················1小撮

蛋··························1又1/2顆

【奶霜醬】

B ┌ 鮮奶油··················200㎖
　│ 細砂糖（可換成上白糖）
　│·······················20至30g
　└ 香草精···················少許

::: **事前準備** :::::::::::::::::::::::::::::::

· 將回至常溫的蛋充分打散。
· 於烤盤上鋪設烘焙紙。
· 將鬆餅粉過篩。

::: **作法** :::

☞製作泡芙皮·烘烤

1 將A料放入可微波調理盆內，不封保鮮膜，直接以微波爐加熱2分30秒。取出後馬上加入鬆餅粉，以湯匙攪拌均勻。

2 攪拌至1的粉末感消失後，不封保鮮膜，再次直接放入微波爐加熱50秒。取出後立刻將蛋分數次加入盆內攪拌。當舀起來的麵糊會緩慢滴落時，將烤箱預熱至190℃。

判斷標準為麵糊會留下攪拌過的紋路及尖角。

3 以直徑約3cm的大湯匙舀起麵糊，取適當間隔，呈現圓形分放在烤盤上。可以噴霧器噴濕雙手替麵糊塑形。放入190℃的烤箱烘烤15分鐘，再降溫至170℃烘烤15分鐘。出爐後放在網架上冷卻。

分放麵糊時，可同時使用兩根湯匙，讓麵糊滴落時順利成呈現圓形，或以濕潤的手指將麵糊從湯匙上推下。若麵糊較大坨，請加長烘烤時間，並放入冰箱冷卻。

☞製作奶霜醬·填餡

4 將B料放入調理盆內，以手提式攪拌機打至尖角挺立的程度（九分發），作成奶霜醬。

5 以刀將泡芙橫向對切，以湯匙填入奶霜醬。

一邊旋轉泡芙皮，一邊填入奶油，就能填入滿滿內餡！

decoration

用濾茶器撒上適量糖粉即完成。

VARIATION

雙層奶霜醬締造豐富滋味

酥脆外皮 ☆
餅乾泡芙

縱然製作程序繁複，但每個步驟都很簡單。
成品宛如坊間甜點，令人感動不已！

::: **材料** ::::::::::::::::::::::::::::::

10個

【餅乾麵團】

鬆餅粉	30g
上白糖	25g
奶油（或人造奶油）	30g

【泡芙皮】

鬆餅粉		50g
A	水	100mℓ
	沙拉油	45g
	鹽	1小撮
蛋		1又1/2顆

【卡士達醬】

低筋麵粉		20g
B	蛋	1顆
	上白糖	60g
牛奶		200mℓ
香草精		少許
奶油（或人造奶油）		1/2大匙

【打發鮮奶油】

C	鮮奶油	200mℓ
	細砂糖（可換成上白糖）	
		20至30g
	香草精	少許

::: **事前準備** :::::::::::::::::::::

· 將回至常溫的蛋充分打散。
· 於烤盤上鋪設烘焙紙。
· 將低筋麵粉過篩。
· 奶油回至常溫軟化。

::: **作法** ::::::::::::::::::::::::::::

☞製作卡士達醬

1 將B料放入可微波調理盆內，以打蛋器攪拌。加入過篩的低筋麵粉攪拌，緩緩倒入牛奶後繼續攪拌。

2 將1不封保鮮膜直接放入微波爐加熱2分鐘，取出後加入香草精均勻攪拌。重複上述動作2次後，在表面塗上一層奶油放涼。

☞製作餅乾麵團

3 將餅乾麵團的材料全部放入調理盆內，以橡皮刮刀切拌混合均勻。成糰後包裹保鮮膜揉成棒狀，接著取下保鮮膜，切成10等分。

4 在3的上下各鋪一層保鮮膜，以指腹搓揉成直徑5cm大小的圓球後壓扁，連同保鮮膜一起放入冰箱冷藏。

避免下壓，輕輕放上餅乾麵團。
由於是高溫烘焙，因此得用噴霧器噴水，或是以沾濕的手灑水。

☞烘烤泡芙皮

5 參考P21泡芙作法的步驟1跟2製作麵糊，當麵糊呈現舀起後會緩慢滴落的狀態時，將烤箱預熱至200℃。

6 以直徑約3cm的大湯匙舀起5，取適當間隔，將麵團呈圓形分放在烤盤上，再放上4的餅乾麵團。以噴霧器噴濕雙手，替麵糊塑形。

7 放入200℃的烤箱烘烤15分鐘，再降溫至180℃烘烤15分鐘，接著放入冰箱冷藏10分鐘，取出後放在網架上冷卻。

☞填入奶霜醬

8 將C料放入調理盆內，以手提式攪拌機打至尖角挺立的程度（九分發），作成打發鮮奶油。將泡芙橫向對切，以湯匙依序填入卡士達醬及打發鮮奶油即完成。

推薦用於派對的甜點

簡易巴黎布雷斯特泡芙

僅是將基本款泡芙改變形狀，便顯得華麗非凡！
依喜好改變擠花形狀和大小，享受千變萬化的樂趣。

::: 材料 :::

直徑17cm的泡芙2個份

【泡芙皮】

鬆餅粉	⋯⋯⋯⋯⋯	50g
A	水	100㎖
	沙拉油	45g
	鹽	1小撮
蛋	⋯⋯⋯	約1又1/2顆

【奶霜醬】

B	鮮奶油	200㎖
	上白糖	30g
	香草精	少許
草莓	⋯⋯⋯	16顆

::: 事前準備 :::

・將回至常溫的蛋充分打散。
・於烤盤上鋪設烘焙紙。
・於擠花袋裝上花嘴。
・草莓去蒂。

麵團成形時的寬度約4cm。體積
過大會影響烘烤時間，因此要特
別注意。為整體製作出高度就會
很漂亮。

::: 作法 :::

☞ 烘烤泡芙皮

1 將A料放入可微波調理盆內，不封保鮮膜直接以微波爐加熱2分30秒。取出後立刻加入鬆餅粉，以湯匙攪拌均勻。

2 攪拌至1的粉末感消失後，不封保鮮膜直接以微波爐加熱50秒。取出後立刻將蛋分數次加入盆內攪拌。當麵糊呈現舀起後緩慢滴落的狀態時，將烤箱預熱至190℃。

3 以湯匙舀起麵糊，取適當間，在烤盤上製作出2個直徑約15cm的圓環。以噴霧器噴濕雙手替麵糊塑形。放入190℃的烤箱烘烤15分鐘，再降溫至170℃烘烤20分鐘。取出後放在網架上冷卻。

☞ 填入奶霜醬

4 將B料放入調理盆內，以手提式攪拌機打至尖角挺立的程度（九分發），放入擠花袋。以刀將泡芙橫向對切，放上草莓並在間隙擠花裝飾。

decoration

以濾茶器撒上適量糖粉，以草莓、藍莓和香草葉等材料，依個人喜好加以點綴即完成。

使用熟透的香蕉可以提高甜味。
加熱焦糖時容器會很燙，要多加
留意。

24

打造濕潤口感
焦糖香蕉磅蛋糕

BASIC
B

不加雞蛋，以香蕉呈現濕潤口感。
光靠微波爐，就能輕易製作出焦糖醬！

::: 材料 :::

寬8×長18cm的磅蛋糕烤模 1個份

【磅蛋糕麵糊】
鬆餅粉 200g
牛奶 100mℓ
香蕉 2又1/2根

【焦糖醬】
上白糖 50g
水 1大匙
牛奶 40mℓ

::: 事前準備 :::

· 將2根香蕉以叉子壓成泥，剩下的1/2根切成5mm厚的圓片。

· 於磅蛋糕烤模鋪設烘焙紙。

· 烤箱預熱至180℃。

::: 作法 :::

☞製作焦糖醬

1 準備2個可微波調理盆，一個放入上白糖跟水，另一個放入牛奶。2個調理盆都不封保鮮膜，一起放入微波爐加熱2分鐘，然後取出裝有牛奶的調理盆。裝入上白糖的調理盆重複加熱2至4次，每次加熱時間1分鐘，就會呈現焦糖色。

下個步驟倒入牛奶時會噴濺，因此裝上白糖的調理盆越大越好。

2 取出1裝有上白糖的調理盆，慢慢倒入牛奶，以打蛋器攪拌均勻後，放入冰箱冷藏。

如果是在烘烤前才剛作好，請放入冷凍庫加速冷卻。

☞製作麵糊·烘烤

3 將鬆餅粉放入調理盆內，以打蛋器攪拌。加入牛奶、香蕉泥繼續攪拌，將一半的麵糊倒入烤模，淋上2的焦糖醬。

以打蛋器攪拌避免結塊。

4 倒入剩餘的麵糊，以竹籤攪拌數次，劃出大理石紋路。

如果焦糖凝固，就以刀切碎混入麵糊內。

5 將4的香蕉圓片並排在蛋糕頂層，以180℃的烤箱烘烤40分鐘。連同烘焙紙一起脫模，直接放在網架上冷卻即完成。

冷卻後烘焙紙會較好撕除。

享用家常甜點 ♪

水果磅蛋糕

添加水果乾的磅蛋糕，最適合當作日常甜點或伴手禮。
會呈現鬆餅粉特有的美麗烤色。

::: 材料 ::::::::::::::::::::::::::

寬8×長18cm的磅蛋糕烤模 1個份

鬆餅粉	110g
水果乾	150g
蘭姆酒	2大匙
人造奶油（或奶油）	80g
上白糖	80g
蛋	2顆

::: 事前準備 ::::::::::::::::::

· 於磅蛋糕烤模鋪設烘焙紙。
· 把蛋充分打散。

由於烤色很快就會呈現，切記要確
認烘烤狀況。烤好後要立刻包上鋁
箔紙或保鮮膜，保持濕潤口感。

☞醃漬水果乾

1　將水果乾放入竹篩，淋上沸騰熱水去除油分。拭乾水分後放入可微波調理盆，加入蘭姆酒攪拌。以微波爐加熱1分鐘，緩慢攪拌到冷卻。

☞製作麵糊・烘烤

2　將人造奶油和上白糖放入調理盆內，以打蛋器攪拌至泛白。蛋及鬆餅粉100g則分數次，交替加入調理盆內攪拌。

攪拌完畢後，將烤箱預熱至180℃。

3　於1加入鬆餅粉10g並攪拌，再加入2。以橡皮刮刀切拌，然後倒入烤模。

4　以180℃的烤箱烘烤40分鐘。連同烘焙紙一起脫模後，放在網架上冷卻即完成。

POINT

烘烤15分鐘後就先取出烤箱，在蛋糕中央劃出一道刀痕，正中央就會隆起呈現漂亮的形狀。烘烤30分鐘出現美麗烤色後，以鋁箔紙覆蓋蛋糕避免烤色過深。

VARIATION
V

蓬鬆柔軟香氣誘人♪

清爽檸檬磅蛋糕

僅是淋上檸檬糖衣，看起來就如同店面商品！
點綴上檸檬皮，時尚感也更上一層樓。

::: **材料** :::::::::::::::::::::::::::::

寬8×長18cm的磅蛋糕烤模 1個份

【磅蛋糕麵糊】

鬆餅粉	150g
上白糖	80g

A
牛奶	40㎖
蛋	2顆
沙拉油	50g
檸檬皮絲	1顆份
檸檬汁	2小匙

【檸檬糖霜】

糖粉	50g
檸檬汁	1大匙
水	1/2至1小匙

::: **事前準備** :::::::::::::::::::::

・將蛋打散。
・將烤箱預熱至180℃。
・於磅蛋糕烤模鋪設烘焙紙。

由於也會加入檸檬皮，請務必使
用不上蠟的檸檬。刨下不含白色
部分的檸檬表皮就好。

::: 作法 :::

☞製作麵糊・烘烤

1 將鬆餅粉和上白糖放入調理盆
內,以打蛋器攪拌均勻,然後依
序加入A料充分攪拌,作成麵糊。

2 將麵糊倒入烤模內,數次提起
烤模垂直落在桌面上,以排除
大氣泡。放入180℃的烤箱烘烤40
分鐘。出爐後連同烘焙紙一起脫
模,放在網架上冷卻。

烘烤30分鐘出現美麗
烤色後,先以鋁箔紙
覆蓋。

放涼後烘焙紙會較好
撕除。

☞製作糖霜

3 在糖粉中緩緩加入檸檬汁並攪
拌。水從極少量開始慢慢加
入,呈現適當濃稠度後,就淋在放
涼的2上。

如麥芽糖般的濃稠度。

decoration

以刨刀刨下檸檬皮,切絲後浸泡在水
中。待糖霜乾燥後,將拭去水分的檸檬
皮和切碎的開心果(材料外)放在蛋糕
上裝飾即完成。

29

適合於派對中登場♡

紐約風
糖霜杯子蛋糕

仿照風靡紐約和東京的杯子蛋糕專賣店風格，
再以糖霜加以點綴。令人心情雀躍的可愛♡

使用不含奶油的糖霜，所以滋味更
清爽。擺放至略硬會較容易擠花。

::: **材料** ::

直徑5cm的杯子蛋糕6至8個份

【蛋糕麵糊】

鬆餅粉 ················· 100g

A ⌈ 上白糖 ················· 30g
　 ⌊ 人造奶油（或奶油）······ 40g

蛋 ···················· 1顆

牛奶 ················· 1大匙

【糖霜】

起酥油 ················· 150g

香草精 ················· 數滴

糖粉 ·················· 80g

牛奶 ················· 1大匙

食用色素（喜歡的顏色）····· 少許

::: **事前準備** :::::::::::::::::::::::::::::::

・把蛋打散。

・烤箱預熱至180℃。

・起酥油冷藏凝固後，回至常溫。

・於烤模中放入紙杯。

::: **作法** ::

☞製作麵糊・烘烤

1 將A料放入調理盆內，以打蛋器攪拌至泛白。將蛋及鬆餅粉分數次交替加入攪拌，最後倒入牛奶攪拌均勻。

2 將1倒至紙杯高度的一半，放入180℃的烤箱烘烤20分鐘。取出後放在網架上冷卻。

以瑪芬杯當模具也OK。

☞製作糖霜・擠花

3 將起酥油放入調理盆內，以打蛋器或手提式攪拌機攪拌。待呈現乳霜狀時加入香草精，並分次加入糖粉攪拌均勻。

若想讓糖霜呈現清脆口感，可將糖粉10g更換成細砂糖，輕輕攪拌。

4 在3內加入牛奶稍微打發，整體呈現滑順狀後，加入食用色素攪拌。

極少量食用色素就能顯色，因此請視情況添加。

5 將4放入塑膠袋。以下方尖角處為擠花開口，扭轉袋子封口並去除袋內空氣（作法⇒P54）。於袋角斜剪約4cm左右的開口，畫圓般將糖霜擠在杯子蛋糕上即完成。

如果蛋糕膨脹高過杯體，可切除膨脹部份以便擠上糖霜。

decoration

糖霜頂層可撒上巧克力米、彩色糖珠或是銀珠糖等。

將麵糊揉成團時不能殘留粉末感。
採用切拌的手法吧。

甜度較低的成熟韻味

巧克力豆司康

不須烤模就能製作的三角形司康。
僅有巧克力豆的甜味,很推薦當早餐。

::: 材料 :::

8個份

鬆餅粉 100g
人造奶油(或奶油) 20g
水 1大匙
巧克力豆 30g

::: 事前準備 :::

・人造奶油(或奶油)放入耐熱容器,
　微波加熱20秒融化。
・於烤盤上鋪設烘焙紙。

::: 作法 :::

☞製作麵團

1 鬆餅粉放入調理盆內後,再加入
融化的人造奶油,以橡皮刮刀攪
拌。至呈現鬆散狀,再加水攪拌。

2 在1的麵團內加入巧克力豆,
然後粗略攪拌。

3 將2的麵團在保鮮膜上鋪開,
然後整成團狀。最後以掌面壓
成約2cm厚的圓餅。

鋪開麵團時,將烤箱
預熱至170℃。

☞分切・烘烤

4 使用麵團切刀或菜刀,以放射
狀切法切成8等分。

5 以170℃的烤箱烘烤10至15分
鐘。取出後放在網架上冷卻即
完成。

若使用小烤箱,以
170℃預熱3分鐘,待
呈現烤色後,覆蓋上
鋁箔紙再烤10分鐘。

運用微苦的柑橘醬！

柑橘司康

只需要3種材料！使用家中現成的果醬就能製作。
將柑橘果醬換其他口味的果醬也行。

::: **材料** :::

8個份

鬆餅粉 ⋯⋯⋯⋯⋯⋯⋯⋯⋯⋯ 100g
沙拉油 ⋯⋯⋯⋯⋯⋯⋯⋯⋯⋯ 20g
柑橘果醬 ⋯⋯⋯⋯⋯⋯⋯⋯ 20g

::: **事前準備** :::

• 於烤盤上鋪設烘焙紙。

以小烤箱烘烤也OK。只要預熱3
分鐘，待呈現烤色後，覆蓋鋁箔
紙再烤10分鐘即可。

::: **作法** :::

☞**製作麵團**

1 將鬆餅粉和沙拉油放入調理盆
內，以橡皮刮刀攪拌。呈現鬆散
狀態時，加入柑橘果醬粗略攪拌。

2 以保鮮膜包住整個麵團，以掌
面塑型成約2cm厚的圓餅。烤
箱預熱至170℃。

☞**分切・烘烤**

3 使用麵團切刀或菜刀，以放射
狀切法切成8等分，放入170℃
的烤箱烘烤10至15分鐘。取出後放
在網架上冷卻即完成。

POINT

加入果醬後，儘量
在不翻拌的情況下
讓麵團成團。

VARIATION
V

飄散著成熟風味

咖啡司康

屬於不甜的點心，無論是給不嗜甜者的伴手禮，
還是減肥中都很適合☆
咖啡與肉桂香氣非常芳醇。

::: **材料** :::::::::::::::::::::::

8個份

鬆餅粉 ·································· 100g
人造奶油（或奶油）··············· 20g
肉桂粉 ······························· 少許
水 ····································· 1大匙
即溶咖啡粉 ···························· 7g

::: **事前準備** :::::::::::::::::::

· 人造奶油放入耐熱容器，以微波爐
  設定20秒加熱融化。
· 於烤盤上鋪設烘焙紙。

製作重點和其他司康相同。只要
麵團成團時減少翻拌，就能締造
齒頰留香的酥脆口感。

::: **作法** :::::::::::::::::::::::

☞**製作麵團**

1 將鬆餅粉、融化的人造奶油和
肉桂粉放入調理盆中，以橡皮
刮刀攪拌。當呈現鬆散狀態後加水
攪拌。

2 將即溶咖啡粉撒在1的麵團
內，成團後包上保鮮膜。以掌
面塑型成約2cm厚的圓餅。烤箱預
熱至170℃。

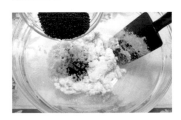

☞**分切·烘烤**

3 使用麵團切刀或菜刀，以放射
狀切法切成8等分，放入170℃
的烤箱烘烤10至15分鐘。取出後放
在網架上冷卻即完成。

POINT

加入咖啡粉攪拌均
勻後，儘量在不翻
拌的情況下讓麵團
成團。

BASIC
B

軟綿濕潤☆

巧克力豆腐烤甜甜圈

非油炸&加入豆腐的健康甜甜圈。
沾上一層糖霜，家常手作甜點頓時躍升為店頭等級！

::: **材料** ::::::::::::::::::::::::

10個份

【甜甜圈麵糊】

鬆餅粉	200g
嫩豆腐	180g
板狀巧克力	100g
蛋	2顆

【糖霜】

糖粉	70g
牛奶	1大匙

::: **事前準備** ::::::::::::::::

· 把蛋打散。
· 在甜甜圈烤模內側，以刷子薄塗一
　層沙拉油（份量外）。

糖霜的濃度，會受使用的糖粉和
季節影響，可依個人喜好斟酌份
量以及加熱程度。

☞**製作麵糊 · 烘烤**

1 嫩豆腐放入調理盆內,以打蛋器充分攪拌成滑順狀。

稍微殘留固體也沒關係。

2 將板狀巧克力掰成小塊後放入耐熱容器,以微波爐加熱2分鐘。

取出後將烤箱預熱至180℃。

3 將蛋加入1內攪拌,接著加入2攪拌至整體均勻。將鬆餅粉分數次加入攪拌。

4 將3倒至甜甜圈烤模內8分滿,以180℃的烤箱烘烤15分鐘。出爐後連同烤模一起放涼。

☞**沾上糖霜**

5 準備能放入一整個甜甜圈的容器,將糖粉和牛奶加入容器內攪拌均勻,以微波爐加熱30秒後再次攪拌均勻。接著再加熱15秒。將放涼的甜甜圈脫模,上方浸入糖霜,接著將糖霜面朝上,放在網架靜置乾燥即完成

加熱後容器會變燙,須注意避免燙傷。

質樸的酥炸甜點

吉拿棒風甜甜圈

擠出甜甜圈麵糊後油炸，搖身一變成為西班牙甜點吉拿棒。
降低甜度，也能作為主食。

:::: **材料** ::::::::::::::::::::::::::

5個份

鬆餅粉	100g
原味優格（無糖）	300g（瀝水後50g）
蛋	1/2顆
食用油	適量
肉桂糖粉（或楓糖）	
	隨個人喜好適量

:::: **事前準備** :::::::::::::::::

• 優格放在竹篩上靜置一晚，瀝去水
  分作成水切優格。如果有即刻製作
  的需求，請將優格放入耐熱容器
  內，加入一小撮鹽（份量外），以微
  波爐加熱2分鐘，最後用廚房紙巾瀝
  除水分。

• 準備15×10cm的烘焙紙4張，
  5×30cm的烘焙紙3張。

添加水切優格可打造濕潤食感。
烘焙紙須配合麵團擠出的大小跟
數量，進行準備。

☞製作麵團

1 將鬆餅粉、蛋、水切優格放入調理盆內,以橡皮刮刀攪拌均勻。

2 把1放入裝有星形花嘴的擠花袋內,然後擠在準備好的烘焙紙上。

直接擠入油鍋內油炸亦可。

☞油炸麵團

3 在平底鍋內倒入食用油,加熱至170℃,將2連同烘焙紙一起下鍋油炸。麵團與烘焙紙分離後,將烘焙紙取出油鍋。油炸到呈現焦黃色。起鍋後瀝油並降溫至不燙手時,撒上肉桂糖粉即完成。

麵團下鍋油炸時容易變形,所以不要任意翻動。

BASIC
B

只需要3種材料的簡易食譜!

雙層巧克力義大利脆餅

用3種材料就能製作,想作時立刻就能動手♪
只要改變火侯,
就能享受到酥脆或外酥內軟兩種口味。

右頁的步驟會呈現酥脆口感,喜
歡外酥內軟的人,作到步驟3就
OK。也可依個人喜好添加堅果和
水果乾。

15個份

鬆餅粉 ………………………… 120g
蛋 ……………………………… 1顆
板狀巧克力 ………………… 80g

・切碎板狀巧克力。
・把蛋打散。
・於烤盤上鋪設烘焙紙。
・烤箱預熱至170℃。

::: 作法 :::

☞製作麵團・烘烤

1 鬆餅粉和蛋加入調理盆內,以橡皮刮刀切拌。

2 添加巧克力30g並攪拌均勻。

3 將2以保鮮膜包裹,塑形成厚度2cm的橢圓形。放在烤盤上,以170℃的烤箱烘烤20分鐘。

4 出爐放涼至不燙手後,分切成寬1cm的長條。切口朝上,再次在烘焙紙上一字排開,以160℃的烤箱烘烤10至15分鐘。

想呈現酥脆口感,上下翻面後,烘烤另一面。

☞沾裹巧克力

5 將巧克力50g放入耐熱容器內,以微波爐加熱1分鐘融化。取出烤箱,以烤好的脆餅沾取巧克力醬,最後擺在烘焙紙上放入冰箱冷藏至硬化即完成。

略帶苦澀的成熟香氣

綠茶費南雪

偶爾轉換心情，
以綠茶粉烘焙日式甜點吧。
綠茶的苦味，與甜味搭配得天衣無縫。

加入杏仁粉後，便會激發難以想
像是用鬆餅粉製作的美味！麵糊
也會呈現鬆脆口感，請各位務必
一試。

::: 材料 :::

10個份

鬆餅粉 ···················· 70g

人造奶油（或奶油）········· 70g

A ┌ 杏仁粉 ················· 80g
  ├ 上白糖 ················· 90g
  └ 綠茶（粉末）··········· 15g
蛋 ························· 3顆
牛奶 ······················ 2大匙

::: 事前準備 ::::::::::::::::::::::::::::::::::

・把蛋打散。

::: 作法 ::

☞製作焦化奶油

1 將人造奶油放入鍋內開小火加熱，待融化後改以中火熬煮。

為避免燒焦，加熱過程中要不時搖晃鍋子。

2 人造奶油呈現焦黃色後就關火，放在濕抹布上降溫。當溫度不燙手時，以咖啡濾紙或廚房紙巾過濾。

若手邊沒有濾紙，僅使用焦化奶油上層的清澈部份就好。本步驟完畢後，將烤箱預熱至170℃。

☞製作麵糊・烘烤

3 鬆餅粉和A料放入調理盆內，以湯匙攪拌，蛋分數次加入調理盆內。添加2後攪拌均勻，最後加入牛奶調整麵糊硬度。

若以打蛋器攪拌，即使沒過篩也不會結塊。

4 將3以湯匙舀入費南雪烤模內，放入170℃的烤箱烘烤20分鐘。出爐後放在網架（建議使用蛋糕散熱架）上，待完全冷卻就可脫模。

冷卻後再脫模，餅乾就不會變形。

decoration
以濾茶網篩撒適量綠茶粉（份量外）即完成。

BASIC
B

縈繞檸檬的香氣

凸肚臍
蜂蜜檸檬瑪德蓮

吃不膩的檸檬瑪德蓮。
使用鬆餅粉省去的功夫,
用於替新鮮檸檬刨絲,呈現馥郁滋味。

想烤出凸肚臍的正統瑪德蓮,秘
訣在於烤盤也要一併預熱,並且
將麵糊置於常溫下。

::: **材料** :::

10個份

鬆餅粉 ·························· 100g

人造奶油（或奶油）·········· 40g

上白糖 ·························· 40g

A ⎡ 蛋 ····························· 1顆
⎢ 牛奶 ························· 20mℓ
⎢ 蜂蜜 ·························· 40g
⎢ 檸檬 ························ 半顆
⎣ 檸檬汁 ·················· 1/2大匙

::: **事前準備** :::::::::::::::::::::::::

· 檸檬清洗乾淨後，將檸檬皮刨成末
（刨不含白色部份的表皮即可）。

::: **作法** :::

☞製作麵糊・烘烤

1 人造奶油放入可微波調理盆，
以微波爐加熱20秒。

2 在1內加入鬆餅粉、上白糖
後，以湯匙攪拌。加入A料攪
拌均勻，<u>在常溫下靜置20分鐘</u>。

醒麵一定要常溫。醒
麵期間在烤箱內放入
烤盤，一併預熱至
200℃。將烤盤一起
預熱，會更容易烤出
凸肚臍。

3 在瑪德蓮烤模內側，以刷子抹
上沙拉油（份量外），接著以
湯匙舀起麵糊，倒入烤模至8分滿。

瑪德蓮烤模五花八
門，請依個人喜好自
由選用。

4 放入200℃的烤箱烘烤10分
鐘。出爐後連同烤模一起放涼
即完成。

可愛的漩渦狀

草莓軟餅乾

將其中一半的麵糊摻入草莓果醬，捲起後烘烤就完成。
烤好的餅乾帶有隱約的酸甜滋味，口感濕潤鬆軟♪

::: **材料** :::

20至30個份

鬆餅粉	150g
A ⎡ 上白糖	25g
⎣ 沙拉油	40g
全蛋液	20g
草莓果醬	25g

::: **事前準備** :::

・烤箱預熱至160℃。
・於烤盤上鋪設烘焙紙。

醒麵後粉末感會消失，讓餅乾更
好吃。如果是冰過的麵團，請將
烘烤時間改為13分鐘。

☞製作麵團

1 將鬆餅粉和A料放入調理盆內，以橡皮刮刀攪拌。

這時仍是鬆散狀態也OK。以切拌方式細細攪拌。

2 將一半的麵團（目測即可）移往另一個調理盆。其中一盆加入全蛋液，另一盆則添加草莓果醬攪拌。

若麵團難以成團，可加入2g沙拉油。

3 分別將2種麵團以保鮮膜夾住，以擀麵棍擀成13×23cm的大小。將草莓麵團墊在下面（只留下最下層的保鮮膜，其餘拿掉），將兩塊麵團疊起來。

想露在外面的顏色要墊下面，順序顛倒也沒關係。

4 提起靠自己一側的保鮮膜，確實捲起麵團，以薄刀將麵團分切成5至7mm厚的塊狀。如果形狀走樣，就再以雙手塑形。

若是切得較薄，烤出的口感就會較為酥脆。若想作成心形，可提起保鮮膜的兩側捲起來，再以雙手調整為心型。

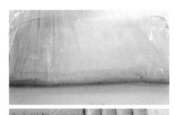

☞烘烤麵團

5 將4排列在烤盤上，以手指撫平麵團表面。放入160℃的烤箱烘烤11分鐘，出爐後擺在網架（建議使用蛋糕散熱架）冷卻即完成。

烘烤前以手指撫平表面，餅乾就不易崩裂♪剛出爐的餅乾柔軟易碎，因此移動時要輕柔。

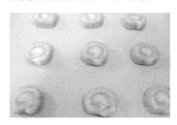

在烘烤方式下功夫，呈現適合端給客人的精緻感！

舒芙蕾極厚鬆餅

怎麼看都是舒芙蕾！極厚為一大重點。
可依喜好搭配糖粉和奶油，或是淋上楓糖。

::: **材料** :::::::::::::::::::::

直徑13×高5cm的圓形烤模 1個份

鬆餅粉	50g
蛋	2顆
上白糖	25g
A 牛奶	1大匙
沙拉油	1大匙

::: **事前準備** :::::::::::::::::

· 將蛋黃與蛋白分開。

· 以烘焙紙製作圓形烤模。準備1張
　50cm長的烘焙紙，橫向對半裁開，
　接著橫向對折。製作成直徑13cm高
　度5cm的圓環，在重疊部份外側
　（避免接觸到麵糊）以訂書機固定。

攪打蛋白霜時，請使用沒有水或油
沾附的調理盆。調理盆不乾淨就會
很難打發。

☞ 製作蛋白霜

1 將蛋白及上白糖放入調理盆內,以手提式攪拌機打發到尖角挺立的程度。

☞ 攪拌．加熱麵糊

2 將鬆餅粉放入調理盆內,以橡皮刮刀攪拌,再加入蛋黃和A料攪拌均勻。接著將1分數次加入,並輕輕攪拌。

3 在平底鍋內倒入1/2大匙的沙拉油(份量外)以中火熱鍋,然後使用廚房紙巾拭去多餘的油。鍋子變熱後,將鍋子移至濕抹布上稍微降溫。將準備好的圓形烤模擺在鍋內,然後緩緩倒入麵糊。

煎鬆餅前將鍋子放在濕抹布上冷卻,就會呈現漂亮的顏色。

☞ 烘烤麵糊

4 將平底鍋以文火加熱,煎15至18分鐘。待產生氣泡時將烤模翻面,繼續煎5分鐘。以竹籤刺入鬆餅,若沒有沾附麵糊就可以脫模。

翻面時動作要輕柔,儘量避免按壓鬆餅。

decoration

盛盤後以喜歡的水果和淋醬來裝飾即完成。撒上糖粉並放上奶油,或是淋上楓糖漿亦可。

也推薦作為輕食

火腿起司馬芬

馬芬無論當成正餐還是點心都很適合。
以培根代替火腿也很美味。

::: **材料** :::::::::::::::::::::::::::::::

直徑6×高5cm的馬芬烤模 3個份

鬆餅粉 ·················· 130g

A ┌ 沙拉油 ··············· 50g
  │ 蛋 ·················· 1顆
  └ 牛奶 ················· 50ml

加工起司 ··············· 100g
火腿 ···················· 30g
粗粒黑胡椒 ·········· 依喜好少許

::: **事前準備** :::::::::::::::::::::::

· 加工起司和火腿分別切成1cm小丁。
· 把蛋打散。
· 烤箱預熱至180℃。

想成功烤出馬芬蛋糕,要注意烤模內的麵糊量。將麵糊倒至烤模8分滿,烤出的蛋糕形狀就會很漂亮。

::: **作法** ::::::::::::::::::::::::::::::::::

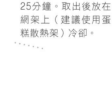 **製作麵糊 · 烘烤**

1 鬆餅粉放入調理盆內,以橡皮刮刀攪拌。將A料依序加入,每次加入都攪拌均勻。接著加入加工起司、火腿和粗粒黑胡椒攪拌,然後將麵糊倒至約烤模2/3滿。

以180℃的烤箱烘烤25分鐘。取出後放在網架上(建議使用蛋糕散熱架)冷卻。

2 以切拌方式攪拌麵糊。烘烤前可依個人喜好撒上起司粉增添香味。

平底鍋就能作！

蓬鬆軟綿
起司蒸麵包

以平底鍋製作蒸麵包很簡單，特別推薦！
也很適合當早餐。
如果使用較大的杯子烤模，就要調整蒸烤時間。

∷ 材料 ∷

直徑5×高3cm的杯子烤模 10個份

鬆餅粉	200g
牛奶	200ml
加工起司（或披薩用起司）	60g
上白糖	80g
蛋	1顆

∷ 事前準備 ∷

・把蛋打散

起司種類可依個人喜好選擇。加
工起司可以使用會溶化的種類，
也可添加玉米等喜歡的配料。

∷ 作法 ∷

製作麵糊後蒸烤

1 將牛奶、切絲的加工起司放入
耐熱容器，以微波爐加熱2分
鐘。取出攪拌後，再加熱1分鐘並
再次攪拌均勻。

2 將鬆餅粉、上白糖放入調理盆
內，以打蛋器攪拌均勻。加入
蛋和1充分攪拌，直到質地滑順為
止。將麵糊倒入杯子烤模內約至
2/3處。

3 在鍋子或平底鍋內倒入1cm深
的水，開大火加熱。水沸騰後
關火，將2放進鍋內，蓋上鍋蓋，
開中至大火蒸10分鐘即完成。

POINT

以竹籤刺入沒有沾黏麵糊，就代表
大功告成！

色香味俱全的零失敗甜點

Momora流
甜點裝飾課

打造甜點美麗外表的關鍵，就在於裝飾手法。但畢竟
我們沒有專業甜點師的本領，只能善用現有工具和材
料，稍加潤飾點綴。即便如此，用對方法也足以讓甜
點脫胎換骨。本篇所介紹的，皆是能輕易辦到的技
巧，給各位當作參考。

technique 1

打發 鮮奶油
打至略硬會比較容易使用！

一般而言打發鮮奶油的硬度，依用途而異，只要打發至尖角挺立（七至九分發）就好。但偏硬的打發鮮奶油不易扁塌，對於甜點新手而言較容易用於裝飾。只要有手提式攪拌機，輕鬆就能打發。

打發鮮奶油的方法

將鮮奶油、細砂糖、香草精放入無任何油分的乾淨調理盆內。將調理盆微微傾斜，以手提式攪拌機（若沒有就使用打蛋器）打至尖角挺立。

八分發
舀起鮮奶油時，調理盆內鮮奶油的尖角略微垂下。

九分發
鮮奶油的尖角昂然挺立。繼續攪打會油水分離，請特別留意。

添加吉利丁就不易扁塌

如果隔一段時間才要享用，希望防止打發鮮奶油扁塌時，不妨添加吉利丁。吉利丁既不會改變鮮奶油的味道和口感，還能維持硬度。

⁝⁝⁝ 材料 ⁝⁝⁝⁝⁝⁝⁝⁝⁝⁝

容易製作的份量

鮮奶油	200㎖
細砂糖（可換成上白糖）	20至30g
吉利丁粉	1/2小匙
水	20㎖

⁝⁝⁝ 作法 ⁝⁝⁝⁝⁝⁝⁝⁝⁝⁝

1 在耐熱容器內以水浸泡吉利丁粉，不封保鮮膜，直接放入微波爐加熱20至30秒溶化。取出後待溫度降至不燙手。

2 將鮮奶油、細砂糖放入調理盆內，打至七分發。一邊攪拌一邊添加1，打發到想呈現的硬度。

應用在瑞士卷上也很完美！
瑞士卷是種會因為奶霜醬的重量變形、容易扁塌的蛋糕。加入吉利丁攪拌後奶霜醬就會變硬，解決扁塌的問題，會更加容易分切。

technique 2

以 **塑 膠 袋**
代 替 **擠 花 袋**

拋棄式的塑膠袋可省去清洗的麻煩，稍微剪去袋角，就能用於擠花相當方便。

但材質如果太過輕薄，會容易破裂且不好擠花，

所以推薦使用厚度約0.04mm（塑膠袋包裝上會註記）的塑膠袋。

將打發鮮奶油填入塑膠袋，集中於袋內一角後封起袋口。　依想擠出的線條粗細，以剪刀剪去袋角。　輕輕拿起塑膠袋擠花。

---

technique 3

使 用 **湯 匙** 也 能
美 觀 地 填 入 **奶 霜 醬**！

沒有擠花袋也無妨，若是製作不講究擠花的甜點，例如泡芙，以湯匙填餡即可。尖尖盛起奶霜醬後蓋上泡芙皮，完全沒有問題。

：飽滿豐盈！：

舀起大量的奶霜醬，湯匙呈現垂直，往下敲一般使奶霜醬落下。一邊旋轉下面的泡芙皮一邊放奶霜醬，就能輕鬆完成。

---

technique 4

以 **加 熱 過 的 刀** 可 以
切 出 漂 亮 的 **海 綿 蛋 糕**

分切蛋糕是甜點製作的最終步驟，草率行事就會讓成果付諸流水，所以要仔細進行。竅門在於加熱使用的刀，可以熱水浸泡刀子（請務必使用金屬材質），就能切出漂亮的切面。

：俐落切面！：

利用**糖粉**和**可可粉**
修飾海綿蛋糕形成的**氣泡**

想要遮蓋海綿蛋糕的瑕疵時，糖粉和可可粉很方便！
完美粉飾的秘訣為，將綠茶網從距離蛋糕體20cm以上處撒粉，
直到蛋糕表面的氣泡看不見為止。

使用
可可粉

輕敲濾茶網，
將粉撒在蛋糕
的每一處上。

使用糖粉

活用**切刀**和
叉子等工具進行**裝飾**！

如果蛋糕造型過於簡單，感覺美中不足，添
加花紋也是一個方法。以切刀或叉子劃過打
發鮮奶油表層，就能輕易畫出直條紋和格子
等花紋。裝飾時的力道務必要輕柔，以免傷
及蛋糕體。

注意到劃在蛋糕頂層的斜線了嗎？以
切刀就能完成喲！

使用形狀可愛的**模具**
打造**搶眼造型**

奶酪或果凍等簡易甜點，利用造
型可愛的模具或容器，就能讓人
耳目一新。我最愛的百元商店就
能買到各種模具，請務必參觀選
購。

使用玫瑰造型的模具，打造奶酪花。
營造出華麗感，也很適合款待客人。

將麵糊和奶霜醬上色
增添可愛華麗感

當蛋糕缺少色彩而感到乏味無趣時，
不妨以食用色素、蔬菜汁、奶油和果醬等材料，將麵糊上色。
只要加入材料攪拌，便會絢麗奪目，變換造型的效果相當顯著！

蔬菜汁

五彩繽紛的
海綿蛋糕

相當推薦利用市售蔬菜汁製作
有色麵糊。除了紅蘿蔔和蕃茄
等紅色系果汁，還有小松菜等
綠色系果汁供各位靈活運用。

水果果醬

添加少許
就很可愛

加入喜歡的果醬，可以同時調整
顏色和甜度。如果想呈現鮮艷色
彩，建議使用莓類果醬。可以廣
泛運用在冰淇淋、起司蛋糕等各
種甜點上。

食用色素

在超市就能輕鬆購買到的人工色
素。價格便宜，顏色也一應俱
全，可依個人喜好使用。烘焙材
料行也有販售價格較高的天然食
用色素。

也能應用於
餅乾

technique 9

以 **糖霜** 裝飾
如同 **店面商品**

糖霜是將糖粉溶化後，調成質地接近奶霜醬的濃稠度。塗抹在像餅乾和磅蛋糕等烘焙點心上，
便能展現出高級感，全面提昇甜點的層次。

此外還能為甜點增添色彩跟香氣，增添各種變化。

增添色彩

增添香味

濃度是重點所在，牛奶等水分要緩慢添加，攪打至糖霜滴落時，痕跡2至3秒後才會消失的濃稠度。糖霜過稀就無法停留在蛋糕上，須特別留意。

---

technique 10

以 **配料** 點綴
賞心悅目 的 **色彩**

如果甜點缺乏色彩，最後可以在頂層配料下功夫。

我會使用水果和香草葉裝飾，希望外觀鮮艷時就會使用蛋糕裝飾材料。

甜點多了色彩，頓時也討喜可愛起來。

香草

由於經常使用，因此自家陽台就有栽種。基本推薦形狀可愛、香味怡人的胡椒薄荷或綠薄荷。

**銀珠糖和
巧克力米**

閃亮的銀珠糖最適合用來搭配巧克力甜點。五彩繽紛的巧克力米，撒在白色鮮奶油上顯得俏皮可愛。

按下開關就完成

超簡單
電子鍋蛋糕

麵糊使用鬆餅粉，烘烤就交給電子鍋吧！毫不費功夫，輕而易舉就能完成的懶人甜點。由於每款電子鍋的特點不盡相同，請詳讀右側注意事項。

BASIC
B

清爽香味

柳橙蛋糕

鋪滿柳橙薄片的新鮮蛋糕。
將柳橙片放射狀配置顯得賞心悅目。

烘烤完成後塗抹柑橘醬，能使蛋糕呈現光澤，進而烘托出高級感。加入大半匙的水稀釋果醬，會較容易塗抹。

::: **材料** ::::::::::::::::::::::::::

10人份電子鍋1個份
※若使用6人份電子鍋，就將各種材料的份量減半，3人份電子鍋就將份量減至1/3。

鬆餅粉	200g
上白糖	100g
A 蛋	1顆
牛奶	50ml
柳橙	1顆
人造奶油（或奶油）	60g
柑橘果醬（可省略）	2大匙

::: **事前準備** :::::::::::::::::::::

・把蛋打散。
・柳橙洗淨後，將皮刨成末（刨不含白色部份的表皮即可）。
・將人造奶油放入耐熱容器內，以微波爐加熱30秒融化。

::: **作法** :::::::::::::::::::::::::::

1 將鬆餅粉、上白糖加入碗內後，以橡皮刮刀攪拌，再加入A料和橙皮碎末，以湯匙攪拌。接著加入融化的人造奶油，然後攪拌均勻。

若麵糊太稀薄，柳橙會浮起來，因此務必要遵照份量。

2 將切成半月形的柳橙片，以放射狀重疊排列於電子鍋的內鍋內，然後將1全數倒入鍋中。數次提起內鍋，垂直落在鋪於桌面的抹布上，震出麵糊的空氣。接著放入鍋內按下煮飯鈕。

3 烤好後以竹籤刺入，若沒有沾黏麵糊即表示烘烤完成，降溫至不燙手後就脫模取出蛋糕。依個人喜好塗抹柑橘醬即完成。

如果沒烤熟，觀察狀況再按下煮飯鈕烘烤1至2次。

以板狀巧克力就能輕鬆製作！

濃醇古典巧克力蛋糕

無須打發蛋白霜，僅將材料混合，一鼓作氣烘烤就行。
儘管很偷懶，卻能製作出如假包換的古典巧克力蛋糕。

巧克力沾黏內鍋會導致燒焦，所
以要攪拌均勻。蛋糕中央略微濕
潤也很美味！

::: **材料** :::

10人份電子鍋1個份
※若使用6人份電子鍋，就將各種材料的份
量減半，3人份電子鍋就將份量減為1/3。

鬆餅粉 ·························· 80g
板狀巧克力 ···················· 250g

A ┌ 蛋 ·································· 1顆
　└ 沙拉油 ························ 1大匙
牛奶 ······························ 150㎖

::: **作法** :::

1 按下煮飯鈕預熱內鍋，掰開板狀
巧克力放入鍋內融化。加入A料
後，以打蛋器由下往上均勻攪拌。

2 在1內緩緩加入牛奶攪拌，加
入鬆餅粉攪拌均勻，然後按下
電子鍋煮飯鈕。

3 烤好後以竹籤刺入，如果沒有
麵糊沾黏即表示烘烤完成，降
溫至不燙手後便脫模取出蛋糕。

如果沒烤熟，觀察狀況再按下煮飯鈕
烘烤1至2次。

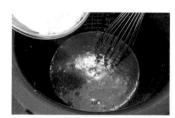

decoration

以濾茶網撒上適量糖粉，放
上打至八分發的鮮奶油（份
量外）。以香草葉加以點綴即
完成。

豆腐的滑順口感
豆腐起司蛋糕

無論塔皮還是起司內餡，都能以電子鍋輕鬆搞定。
依個人喜好隨心所欲地裝飾吧。

立起塔皮邊緣就能作得很漂亮。
運用雙手把塔皮調整到均等的厚
度吧。

::: **材料** ::

10人份電子鍋1個份
※若使用6人份電子鍋，就將各種材料的份
量減半，3人份電子鍋就將份量減為1/3。

【起司餡】
奶油起司··················250g
嫩豆腐······················50g
上白糖······················80g

A ┌ 蛋 ··················L尺寸2顆
　├ 鬆餅粉··················40g
　└ 鮮奶油················150㎖
檸檬汁······················2大匙

【塔皮】
鬆餅粉····················150g
人造奶油（或奶油）········50g
牛奶······················1/2大匙

::: **事前準備** :::::::::::::::::::::::::::

・將奶油起司回至常溫，如果太硬，
可放入微波爐每次加熱10秒，直到
軟化。
・把蛋打散。

::: **作法** :::

1 將塔皮的所有材料放入
塑膠袋內，搓揉成團。
將麵團放入電子鍋內鍋，以
手壓成3mm厚，並將塔皮
邊緣製作出3cm的高度，然
後按下電子鍋煮飯鈕。

2 將奶油起司和嫩豆腐放
入調理盆內弄碎，然後
加入上白糖，再以打蛋器攪
拌均勻。當盆內呈現滑順狀
時，依序將A料分別少量加
入調理盆內，每次加入都要
攪拌均勻。最後加入檸檬汁
並充分攪拌。

3 將2倒入烤好的1，再
次按下煮飯鈕。

4 烤好後以竹籤刺入，如
果沒有麵糊沾黏即表示
烘烤完成，降溫至不燙手後
脫模取出蛋糕即完成。

如果沒烤熟，觀察狀況再按下
煮飯鈕烘烤1至2次。

VARIATION
V

適合蘋果盛產季 ♪
簡單的反轉蘋果塔

以微波爐加熱蘋果夾餡，以軟綿綿的鬆餅皮取代派皮，
貫徹簡單烘焙的理念！

配置蘋果時，由外而內以放射狀
重疊排列，就會很漂亮。蘋果切
片的厚度要盡量一致。

::: **材料** :::

10人份電子鍋1個份
※若使用6人份電子鍋，就將各種材料的份
量減半，3人份電子鍋就將份量減為1/3。
鬆餅粉 …………………………… 200g
蛋 …………………………………… 1顆
牛奶 ……………………………… 100mℓ

上白糖 …………………………… 50g
【夾餡】
蘋果 ……………………………… 2顆
上白糖 …………………………… 60g
人造奶油（或奶油）………………… 50g

::: **事前準備** :::::::::::::::::::::::::::::::::

・蘋果削皮，去芯後薄切成月牙
　形。
・按下電子鍋煮飯鈕預熱。

::: **作法** :::

1 取一較大的可微波調理
盆，將夾餡的材料全部
放入，以橡皮刮刀緩緩攪
拌。不封保鮮膜，直接以微
波爐加熱2分鐘。取出後攪
拌均勻，再微波加熱3分
鐘。

加熱後所出的汁稍晚會使用
在麵糊裡，所以請留在盆內
別倒掉。

2 取出1的蘋果，在內鍋
以放射狀重疊配置。

由外而內排列就會賞心悅目。

3 在1的調理盆內加入
蛋，以打蛋器攪拌，然
後加入牛奶跟上白糖。鬆餅
粉分次加入，每次加入都要
攪拌均勻，作成麵糊。接著
將麵糊倒入2，數次提起內
鍋，垂直落在鋪著抹布的桌
面上，震出麵糊的空氣，放
入電子鍋按下煮飯鈕。

4 烤好後以竹籤刺入，如
果沒有麵糊沾黏即表示
烘烤完成，降溫至不燙手後
脫模取出蛋糕即完成。

如果沒烤熟，觀察狀況再按
下煮飯鈕烘烤1至2次。

VARIATION

利用茶包就能簡單製作

奶茶戚風蛋糕

雖然戚風蛋糕不易製作，但使用電子鍋就不怕失敗！
還能打造輕盈蓬鬆的口感。

步驟2、3若有重複使用調理盆的
情形，要確實洗乾淨。打發蛋白
時要確實打到出現光澤感。

::: **材料** :::

10人份電子鍋1個份
※若使用6人份電子鍋，就將各種材料的份
量減半，3人份電子鍋就將份量減為1/3。
鬆餅粉 ························· 80g

A ┌ 紅茶葉 ········· 茶包2個份（4g）
　└ 牛奶 ························· 60mℓ
蛋黃 ···································· 1顆
細砂糖（可換成上白糖）····· 100g
蛋白 ································ 4顆份

::: **事前準備** :::

・按下電子鍋煮飯鈕預熱。

::: **作法** :::

1 將A料放入耐熱容器內攪拌，然後以微波爐加熱1分鐘，取出後攪拌均勻並放涼。

2 另取一個調理盆放入蛋黃、細砂糖20g，以手提式攪拌機打至泛白並呈現沉滯感。鬆餅粉過篩加入盆內翻拌，然後加入1攪拌。

確實打發為一大重點。

3 在另一個調理盆中放入蛋白、細砂糖80g，以手提式攪拌機打至尖角挺立，作成蛋白霜。將蛋白霜每次1/3，分3次加入2的調理盆內，每次加入都以切拌方式攪拌。

加入蛋白霜後，只要翻拌1至2次就OK。最後再攪拌均勻。

4 以刷子或廚房紙巾沾取沙拉油（份量外）塗抹電子鍋內鍋，然後倒入3。數次提起內鍋，垂直落在鋪著抹布的桌面上，震出麵糊的空氣，放入電子鍋，按下快煮模式的按鈕。

5 烤好後以竹籤刺入，如果沒有麵糊沾黏即表示烘烤完成，降溫至不燙手後脫模取出蛋糕。

如果沒烤熟，觀察狀況再按下煮飯鈕烘烤1至2次。

decoration
放上打至六分發的鮮奶油（份量外），以檸檬和薄荷葉加以點綴即完成。

速戰速決的

涼 爽 甜 點

每當嘴饞想吃甜食時，我很常製作涼爽甜點。

使用材料少，只須攪拌冰鎮即可，比烘焙點心更省事。

也很適合當作餐後甜點。

撒上
巧克力
碎片。

巧 克 力 作 的 種 籽 形 成 視 覺 焦 點 ☆

西瓜義式冰淇淋

西瓜清爽的甜味，是能療癒夏日倦怠的簡單甜品。
將巧克力碎片當成西瓜籽裝飾，簡直以假亂真！
令人心曠神怡。

::: **材料** :::::::::::::::::

約6人份

西瓜 ………………… 250g

A ┌ 牛奶 ……………… 50mℓ
　├ 上白糖 …………… 35g
　└ （可依西瓜甜度斟酌
　　　用量）

::: **事前準備** :::::::::::

· 西瓜切成2cm丁狀並去
　籽。放入食物保存袋內冷
　凍。

::: **作法** :::::::::::::::::

將冷凍的西瓜和A料放入
果汁機攪打（以手提式攪拌
機在調理盆內攪打亦可）至
滑順狀即完成。

裝飾上
喜歡的
香草菓。

濃郁醇厚的滋味

草莓起司義式冰淇淋

光是奶油起司的味道就很濃郁，
加入香蕉進一步呈現濃稠口感並引出甜味。

::: **材料** :::::::::::::

4人份

奶油起司 ············· 100g

A ┌ 香蕉 ··············· 1根
 └ 上白糖 ··········· 50g

牛奶 ············· 200㎖

草莓果醬 ··········· 40g

::: **事前準備** :::::::::

· 將奶油起司回至室溫軟
化。

::: **作法** :::::::::::::::

1 將奶油起司和A料放入
調理盆內，以打蛋器攪
拌至滑順狀。

使用全熟香蕉會較容易呈現
滑順狀。

2 緩緩加入牛奶攪拌，放
入保存容器或喜歡的模
具內。添加適量草莓果醬，
以湯匙迅速由下往上攪拌。
放入冰箱冷藏凝固即完成。

加入果醬後，像畫圓般由下往
上迅速攪拌。若不講究大理
石紋路，在步驟1就加入果醬
也OK。

可撒上黑芝麻
粒或黃豆粉。隨
喜好淋上
蜂蜜也行。

瀰漫黑芝麻的香氣

濃郁蜂蜜芝麻冰淇淋

大量使用有益健康的黑芝麻，享用美味又能抗老化♪
只要有冷凍香蕉就能立刻製作。

::: **材料** :::::::::::::

2至4人份

香蕉 ·················· 4根

A ┌ 研磨芝麻粉(黑) 2大匙
 └ 蜂蜜 ············· 4大匙

::: **事前準備** :::::::::

· 香蕉切片後放入食物保存
袋冷凍。

::: **作法** :::::::::::::::

將冷凍香蕉放入果汁機內，
攪打成泥狀。然後加入A料
攪打至滑順狀即完成。

草莓果醬（亦可選用
　個人喜歡的果醬）⋯⋯ 35g
A
　水 ⋯⋯⋯⋯⋯⋯ 200mℓ
　寒天粉 ⋯⋯⋯⋯⋯ 3g
　檸檬汁（可省略）
　⋯⋯⋯⋯⋯⋯⋯⋯ 1小匙
喜歡的水果（草莓・
　奇異果等）⋯⋯⋯ 各適量

・水果切成5mm的丁狀。
・將保鮮膜裁成邊長30cm的
　正方形，總共準備10片。

1 將A料放入鍋內後開中
火，沸騰後轉小火加熱1
至2分鐘，以木鍋鏟攪拌溶
化。關火後加入草莓果醬，
充分攪拌至溶化。

使用酸味強烈的水果，或希
望增加甜味時，可再加入10g
的砂糖。

2 捏起準備好的保鮮膜中
央部位，在距離捏起的
尖端約3cm處綁橡皮筋固
定。其餘保鮮膜以相同作法
處理。

3 準備如蛋盒、小酒杯等
開口小的容器，將橡皮
筋端朝下，於杯內攤開保鮮
膜。放入兩塊切丁的水果和
1大匙的 **1**，趁尚未冷卻時
扭緊上方保鮮膜，再取一根
橡皮筋綁緊固定，然後靜待
冷卻。其餘也比照相同作法
處理。

果凍液倒太多會漏出來，因
此請準備直徑約4cm的容
器。綁好後的果凍，留在容器
內直接放涼，就會呈現圓潤
美麗的形狀。

4 完全冷卻後，將橡皮筋
兩端的保鮮膜剪至剩
2cm，看起來像糖果一般，
就完成了。

外 觀 討 喜 可 愛

草莓糖果果凍

以保鮮膜和果醬就能輕鬆製作！
不僅方便攜帶，食用時也不會弄髒手，放便當盒內也很適合。

補翻譯

以葡萄皮上色
Q彈雙色果凍

將葡萄的果皮和果肉分離,所製作成的雙色果凍。
果肉泡在果凍液內冰鎮,便會呈現美麗色彩。

::: **材料** :::::::::::::::::::

2人份
葡萄 · · · · · · · · · · · · · · · · · · · 20顆
白酒(若沒有就用水) 200㎖
   ┌ 水 · · · · · · · · · · · · · · · 250㎖
   │ 上白糖 · · · · · · · · · · · · · 70g
A│ 吉利丁粉 · · · · · · · · · · · · · 7g
   └ 檸檬汁 · · · · · · · · · · · · · 1大匙

::: **事前準備** :::::::::::::

· 清洗葡萄,去皮(籽也要
  去掉),留下葡萄皮。
· 以1大匙水(份量外)浸泡
  吉利丁粉。

::: **作法** :::::::::::::::::::

1 白酒放入鍋內加熱至微
    沸騰,加入A料後,以
中火熬煮並避免沸騰。加入
10顆葡萄,再熬煮五分鐘。
倒至容器的一半,放入冰箱
冷藏凝固。

2 在剩餘的1內加入葡萄
    皮和剩下的葡萄,避免
沸騰,以中火熬煮五分鐘。
撈出葡萄皮後,將果凍液移
往容器內,放入冰箱冷藏凝
固。凝固後以湯匙分別舀起
不同色的果凍擺在杯內即
完成。

如果煮得太乾,加入2大匙的
水進行調整。

將市售果凍加工
冷凍莓果燦爛果凍

只要仔細混和果凍,就能締造璀璨甜品♪
把色彩濃郁的藍莓配置在最下層,就會很美麗。

::: **材料** :::::::::::::::

2人份
市售果凍(手作亦可)
· · · · · · · · · · · · · · · · · · · 100㎖
樹莓·藍莓·黑莓·醋栗
· · · · · · · · · · · · · · · · · · 各2大匙
上白糖 · · · · · · · · · · · · · · · 1大匙
檸檬汁 · · · · · · · · · · · · · · · 1小匙

::: **事前準備** :::::::::::

· 莓果必須冷凍。

::: **作法** :::::::::::::::::

1 將冷凍的莓果放入方盤
    等容器內,淋上上白
糖、檸檬汁後輕柔攪拌。
由於冰凍莓果容易破損,以
輕柔的力道快速攪拌吧。

2 以湯匙碾碎果凍,準備
    調酒杯或香檳杯,將半
量的1和果凍,分別輪流放
入杯內。

將打至
九分發的鮮奶油
(份量外)輕輕放在
頂層,點綴上喜歡的
莓類或薄荷葉即
完成。

::: 材料 :::::::::::::::::

5個份

黑芝麻······················30g

A [牛奶 ·······················300㎖
上白糖 ·······················50g

吉利丁粉······················5g

::: 事前準備 :::::::::::

・以40㎖的水（份量外）浸
泡吉利丁粉。

::: 作法 :::::::::::::::::

1　在磨缽內放入黑芝麻，
研磨到呈現滑順狀。

亦可以手持式攪拌棒替代磨
缽，或是直接使用芝麻醬。

2　將A料放入可微波調理
盆內，以微波爐加熱2
分30秒溶化上白糖。

3　將溶於水的吉利丁以微
波爐加熱10秒，與1一
起加入2攪拌。倒入喜歡的
容器內，放入冰箱冷藏凝固
即完成。

加熱吉利丁時請避免沸騰。

賞心悅目的漸層！

雙層黑芝麻布丁

冰鎮過程中便會自行分成兩層（笑）的有趣布丁。

黑芝麻濃郁的風味，搭配滿滿嚼勁，令人心滿意足☆

淋上打至六分發的鮮奶油（份量外），放上甘納豆即完成。

::: 材料 :::::::::::::::::

4至5人份

抹茶粉 ················· 20g

A［牛奶 ················· 220㎖
　　上白糖 ·············· 70g

鮮奶油 ················· 200㎖

吉利丁粉 ··············· 5g

::: 事前準備 :::::::::::

・以1大匙的水（份量外）浸泡吉利丁粉。

・以2大匙的牛奶（份量外）溶解抹茶粉。

::: 作法 :::::::::::::::::

1　將A料放入可微波調理盆內，以微波爐加熱2分鐘，融化上白糖。

2　將溶於水中的吉利丁以微波爐加熱10秒，與鮮奶油一起加入1，放入冰箱冷藏凝固。

3　在2中加入溶於水的抹茶後，攪拌均勻，以濾茶網過濾。倒入喜歡的容器或保存容器內，放入冰箱冷藏凝固即完成。

抹茶加熱後會失去顏色和香味，因此務必要最後處理，又因為容易結塊，因此得事先充分攪拌，留待最後過濾。

令人心醉神馳的美麗色彩

入口即化的濃醇抹茶布丁

微苦的成熟風格日式布丁。

加入抹茶後，以濾茶網濾掉殘渣，便能締造滑順口感。

淋上草莓淋醬,以星型花嘴擠上打至尖角微立的鮮奶油(八分發,份量外)。以藍莓、草莓切片和薄荷葉加以點綴。

::: 材料 :::::::::::::

4人份

鮮奶油 ·················· 100㎖

A[牛奶 ·················· 100㎖
上白糖 ·················· 40g

吉利丁粉 ·················· 5g

香草精 ·················· 少許

::: 事前準備 :::::::::

· 以40㎖的水(份量外)浸
  泡吉利丁粉。

::: 作法 ::::::::::::

1 將A料放入可微波調理盆內並攪拌均勻,以微波爐加熱1分鐘,融化上白糖。

2 將溶於水的吉利丁放入微波爐加熱10秒,然後加入1攪拌。

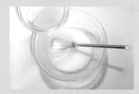

注意加熱的是牛奶,而不是鮮奶油。同時也要留意避免吉利丁加熱過度。

3 將香草精、鮮奶油加入2並攪拌。倒入喜歡的容器內,放入冰箱冷藏凝固即完成。

轉眼間就能作出正統甜點

入口即化的奶酪

以微波爐加熱,攪拌後冰鎮就大功告成!
搭配喜歡的淋醬和水果,盡情享受裝飾的樂趣。

可用藍莓、
薄荷葉
加以點綴。

::: 材料 :::::::::::::::::::

4人份

原味優格 ················· 60g

A ⌈ 牛奶 ················· 100㎖

⌊ 上白糖 ················· 30g

吉利丁粉 ················· 5g

藍莓醬 ················· 2大匙

::: 事前準備 :::::::::

· 以1大匙的水（份量外）溶
化吉利丁粉。

· 優格攪拌到滑順狀。

::: 作法 ::::::::::::::::

1 　將A料放入可微波調理
盆內並攪拌均勻，以微波
爐加熱1分鐘，融化上白糖。

2 　以微波爐加熱溶於水的
吉利丁10秒，加入1並
攪拌均勻。

吉利丁一旦沸騰，會很難凝固，
因此要避免加熱過度。

3 　將優格加入2後攪拌均
勻，倒入喜歡的容器，
放入冰箱冷藏凝固。凝固後
淋上藍莓醬，以湯匙輕輕攪
拌即完成。

清 爽 可 口 的 酸 味

優格奶酪

以優格取代鮮奶油所締造出爽口風韻。

是一款健康的奶酪，無須在意熱量就能大快朵頤。

送禮自用兩相宜♡

可愛餅乾&
巧克力甜點

無論在食譜網站還是部落格，每當介紹餅乾&巧克力就會獲得廣大迴響！從每天的點心到情人節等節慶甜點都很適合，可享受到多變化的樂趣。

烘烤時間會因使用模具的尺寸而異，因此烘焙時間僅供參考，必須提早確認烘烤程度。

可愛的粉彩色系

無蛋糖霜餅乾

令人躍躍欲試的俏皮糖霜餅乾。
不使用蛋白製作糖霜，因此材料少又省事！

::: **材料** ::::::::::::::::::::::::::::::::::::::

約30塊份

【餅乾麵團】

低筋麵粉	120g
A 上白糖	30g
人造奶油（或奶油）	60g
香草精	少許

【糖霜】

糖粉	80g
牛奶	2小匙
食用色素（喜歡的顏色）	適量

::: **事前準備** ::::::::::::::::

・將低筋麵粉過篩。
・人造奶油回至室溫。
・烤箱預熱至170℃。
・於烤盤上鋪設烘焙紙。

::: **作法** ::

👉製作・烘烤餅乾麵團

1 將低筋麵粉和A料放入調理盆內，以手攪拌到鬆散狀態。成團後以擀麵棍擀平，以喜歡的壓模壓形。

如果沒有調理盆，將所有材料放入塑膠袋內搓揉也OK。既不會弄髒手，也省去後續清洗步驟。

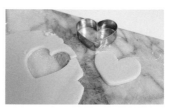

2 以170℃的烤箱烘烤約18分鐘。取出後以橡皮刮刀輕輕按壓整平，然後靜待冷卻。

剛出爐的餅乾很柔軟，請輕輕按壓。

👉以糖霜裝飾

3 在糖粉中徐徐加入牛奶，加入1小匙牛奶後，慢慢加入極少量的食用色素，然後以湯匙攪拌。調至喜歡的顏色後，添加牛奶調整糖霜濃稠度。

攪打至垂落的糖霜痕跡，會殘留2至3秒才消失的濃稠度，注意不要太稀。

4 參考下圖，以糖霜裝飾2即完成。

👉來學習糖霜裝飾技巧吧！

糖霜只要使用塑膠袋就能輕鬆擠上。推薦使用厚度0.04mm的塑膠袋，既不易破損，又容易描繪出細緻圖案。

剪去袋子一小角，利用盤子等物品，測試擠出來的粗細和形狀。

深淺兩色圓點圖案

製作深淺兩種粉紅色糖霜，深粉紅色裝入塑膠袋。淺粉紅色以小湯匙在整塊餅乾上薄塗一層，趁未乾燥時，以深粉紅色擠上圓點圖案。

雙色直條紋圖案

製作白色和粉紅色糖霜。粉紅色糖霜製作時慢慢加入糖粉攪拌，待呈現尖角會稍微垂落的硬度，就能放入塑膠袋內。白色糖霜以湯匙均勻塗抹整塊餅乾，待表面稍微乾燥後，以粉紅糖霜擠出直條紋圖案。

螺旋圖案為視覺重點
糖捲餅乾

麵團捲入有色糖立刻烘烤而成。
將糖加入麵團攪拌也會很漂亮。

....

從麵團兩側捲起就能作成心型。
由於烤好後容易變形，取出時要
多加留意。

::: **材料** :::::::::::::::::::::::::::::

16塊份

低筋麵粉	90g
上白糖	30至35g
A 沙拉油	35g
香草精	適量

※若要上色，上白糖的份量更動如下：
粉紅色：粉紅食用閃粉30至35g
綠色：上白糖30至35g＋抹茶3g
黑色：上白糖30至35g＋可可粉3g

::: **事前準備** :::::::::::::::::::::::::

- 將低筋麵粉過篩。
- 烤箱預熱至175℃。
- 於烤盤上鋪設烘焙紙。

::: **作法** :::::::::::::::::::::::::::::::

☞製作麵糊

1 將低筋麵粉、上白糖25g和A料放入調理盆內，以橡皮刮刀攪拌。

2 將麵團擺在鋪有保鮮膜的砧板上，再覆蓋上保鮮膜，以手掌壓成約12×15cm的大小。拿掉保鮮膜，放上5至10g的上白糖。

如果砂糖放得太多，
烘烤後後糖會從縫隙
溢出，要特別留意。

☞以烤箱烘烤

3 將麵團往前捲成棒狀，切成寬1cm的小塊。排列在烤盤上，用175℃的烤箱烘烤12分鐘即完成。

如果麵團捲成棒狀後
出現裂痕，就以手指
輕撫消除。若希望增
添香氣和烤色，可將
烤箱設定為180℃，
烤10分鐘。

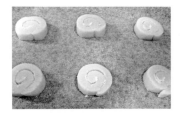

瑰麗色彩的奢華感
擠花餅乾

這款色彩豔麗的餅乾，是我從小學起作過無數次的食譜，在慶祝場合必作的一款。

要擠成花形時，由外向花心內擠為一大竅門。擠成相同大小並疊出高度，就會形成好看的形狀。

::: **材料** ::::::::::::::::::::::::::::::::::

約50片份

低筋麵粉	80g
奶油（或人造奶油）	120g
上白糖	50g
玉米澱粉	70g
蛋黃（可省略）	1顆
香草精	數滴
食用色素	少於1g

※以下材料也可以取代食用色素！
紅芋粉（紅色）2大匙
抹茶粉（綠色）1至2g
以上都要以1小匙的熱水溶化再使用。

::: **事前準備** :::::::::::::::::::::::::

- 將低筋麵粉過篩。
- 奶油回至室溫，如果太硬，就以微波爐加熱約10秒軟化。
- 以1小匙熱水溶化食用色素。
- 烤箱預熱至170℃。
- 於烤盤上鋪設烘焙紙。
- 擠花袋裝上星形花嘴。

::: **作法** :::::::::::::::::::::::::::::::::

☞製作麵糊

1 將奶油跟上白糖放入調理盆內，以橡皮刮刀充分攪拌。加入蛋黃、香草精繼續攪拌。

2 將低筋麵粉、玉米澱粉分次加入1內，攪拌至粉末感消失後，取出一半麵糊，加入食用色素攪拌。

適逢寒冷季節麵糊過硬時，可以加熱調理盆，或加入2小匙的水或牛奶，將麵糊調整成容易處理的硬度。

☞擠出麵糊・烘烤

3 將2的麵糊填入擠花袋（加入有色麵糊），擠在烘焙紙上（也可隨喜好配置份量外的銀珠糖點綴）。以170℃的烤箱烘烤10分鐘，取出後放在網架上冷卻。

將麵糊每次以橡膠刮刀舀起少許，再裝入擠花袋內會比較方便。

豐富滋味令人心醉神迷

柔軟濃醇生巧克力蛋糕

於 P16 介紹過的水果蛋糕變化款，同樣以鬆餅粉製作。
可隨個人喜好加入洋酒和堅果。

::: **材料** :::::::::::::::::::::::::::::

27至30cm的烤盤1個份

【海綿蛋糕麵糊】

鬆餅粉	80g
蛋	4個
細砂糖（或上白糖）	100g
可可粉（無糖）	30g

【甘納許】

鮮奶油	200㎖
板狀巧克力	220g
蘭姆酒（依喜好）	1大匙

::: **事前準備** :::::::::::::::::::::::::

・將可可粉和鬆餅粉混合過篩。
・切碎板狀巧克力。
・於烤盤上鋪設烘焙紙。

步驟4要從調理盆底由下往上攪拌
麵糊。均勻攪拌約50次後，就能
打造出鬆軟口感。

::: **作法** ::

☞製作甘納許

1 將鮮奶油放入較大的可微波調理盆內,以微波爐加熱3分鐘。取出後加入巧克力,以打蛋器緩緩攪拌融化。

確認鮮奶油沸騰後,再加入巧克力。

2 當調理盆內呈現滑順狀時,依個人喜好加入蘭姆酒,調整到容易使用的軟硬度後,就靜待冷卻。

攪拌完畢後將烤箱預熱至200℃。

☞製作麵糊

3 將蛋、細砂糖放入調理盆內,以手提式攪拌機打至泛白,當麵糊打出沉滯感,滴落呈緞帶狀時,改用果汁機以低速攪打1分鐘。

攪打至泛白約要花10分鐘。

4 將3、可可粉、鬆餅粉混合後,分數次加入調理盆內,以橡皮刮刀從下往上充分攪拌,直到粉末感消失為止。

攪拌不足會烤出質地粗糙的蛋糕,攪拌過度則會烤出過於緊實、口感欠佳的蛋糕。

5 將麵糊均勻倒滿整片烤盤,以切刀抹平表面。數次提起烤盤垂直落在桌面上,以排除大氣泡。

6 放入200℃的烤箱烘烤12分鐘。出爐後以保鮮膜密封,降溫至不燙手後,撕掉烘焙紙。

烤好後以竹籤刺刺看,若竹籤上有沾黏麵糊,就再烤2至3分鐘。

☞塗抹甘納許

7 將海綿蛋糕切成三等份,將甘納許均等塗抹在蛋糕上,然後疊起(疊好後可以甘納許均勻塗抹整體,或依個人喜好不塗也行)。

若甘納許呈現泥漿狀,稍微冰鎮會較為容易處理。

decoration

豎起抹刀劃出斜條紋,撒上可可粉(份量外)。切掉蛋糕左右側,擺上愛心形狀的巧克力,再撒上粉紅食用閃粉即完成。

利用剩餘麵包便能製作

巧克力麵包脆餅

在百貨地下街有人排隊購買的熱門甜點麵包脆餅，
其實以3種材料就能製作，請務必一試。

::: **材料** :::::::::::::::::::::::

10片份
板狀巧克力 ………………… 100g
牛奶 ………………………… 100mℓ
長棍麵包 ………… 1cm厚的10片

::: **事前準備** :::::::::::::::::

・於烤盤上鋪設烘焙紙。
・烤箱預熱至170℃。
・切碎板狀巧克力。

::: **作法** :::

☞浸泡長棍麵包・烘烤

1 將牛奶倒入可微波調理盆內，
以微波爐加熱1分鐘。取出後加
入巧克力融化。

2 將長棍麵包完全浸泡下去。

3 將2排列在烤盤上，以170℃的
烤箱烘烤30分鐘，翻面再烤10
分鐘。

4 取出後擺放在網架上冷卻即完
成。

濕潤可口

五顏六色布朗尼

全都是巧克力色有點乏味，於是我試著增加其他顏
色，使外形更加可愛。如果提前1至2天作好，口感
也會越來越濕潤。

以熱水溶化食用色素，再加入麵
糊，顏色就會暈染得很漂亮。抹
茶粉也溶化加入，滋味會更棒。

::: **材料** :::::::::::::::::::::::::::::::::

邊長13至15cm的1色份

板狀巧克力 ·· 65g

A [蛋 ·· 1顆
上白糖（可換成上白糖） ············ 40g

低筋麵粉 ·· 45g

奶油（或人造奶油） ························ 50g

※若要將布朗尼上色，請將板狀巧克力換成白巧克力，並添加以下材料（黃色使用蛋即可，所以不必添加色素）：

粉紅…食用色素或紅麴粉（以少量水溶化成較濃）適量

綠…抹茶粉（以2小匙熱水溶化成較濃）3g

::: **事前準備** :::::::::::::::::::::::::::

• 以鋁箔紙製作出邊長13至15cm、高2cm的方形容器（想製作幾色，就製作幾個容器），擺在烤盤上。

::: **作法** :::

📖☞融化巧克力

1 將巧克力、奶油分別裝入耐熱容器，以微波爐加熱1分鐘。巧克力須重複加熱至完全融化為止。

2 將A料放入調理盆內，以打蛋器攪拌至滑順狀後加入1。若想製作綠、粉紅色布朗尼，就在這個步驟加入抹茶或食用色素攪拌。

準備與顏色數量相同的容器分裝。此時將烤箱預熱至170℃。

亦可隨個人喜好添加數滴香草精（份量外）。

📖☞製作麵糊・烘烤

3 低筋麵粉加入2，以橡皮刮刀攪拌均勻，倒入以鋁箔紙製作的容器，放入170℃的烤箱烘烤20至30分鐘。

如果麵糊太硬，就加熱調理盆。烘烤時避免呈現烤色會比較漂亮。

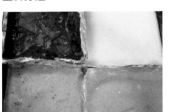

4 取出後在網架上放涼，再以模具壓形即完成。

81

享用雙色搭配
松露巧克力

既不必管理溫度，也無須隔水加熱，將板狀巧克力以微波爐融化搓圓即可，但從外觀來看是如假包換的松露巧克力♪

在洋酒的催化下，板狀巧克力也能呈現正統味道。除了蘭姆酒，也可隨喜好換成利口酒。

::: 材料 :::::::::::::::::::::::::::::::::::::

白・黑各10顆份

【牛奶巧克力】

板狀巧克力	150g
鮮奶油	70ml
蘭姆酒（可省略）	1大匙
可可粉（無糖）	2大匙

【白巧克力】

白巧克力	150g
鮮奶油	60ml
蘭姆酒	1大匙
糖粉	2大匙

::: 事前準備 :::::::::::::::::::::::::

・將兩種巧克力分別切碎。

::: 作法 :::

☞製作麵糊

1 將鮮奶油放入可微波調理盆內，以微波爐加熱2分鐘。取出後加入巧克力，以橡皮刮刀攪拌融化。

加熱鮮奶油時注意不要沸騰。

2 呈現滑順狀後加入蘭姆酒（隨喜好不加亦可），放在陰涼場所（不要冷藏）凝固。

☞成形・冷藏凝固

3 待**2**呈現容易處理的硬度後，以湯匙舀起約2至3cm的大小，然後用手揉圓。撒上可可粉或糖粉後，放入冰箱冷藏凝固即完成。

也很適合作為小禮物

巧克力花

將自製巧克力脆片拼成花朵形狀作為贈禮。
直接放入小杯等容器也很可愛。

若減少玉米片的片數或巧克力的
份量，會讓接著面變少，導致容
易崩解，請特別注意。

::: **材料** :::::::::::::::::::::::::::

3cm大的巧克力花20朵份
板狀巧克力（白巧克力亦可）…… 1片
玉米片…………………………… 20g
銀珠糖．粉紅食用閃粉…… 各適量

::: **事前準備** :::::::::::::::::::

‧將巧克力切碎。

::: **作法** :::

☞融化巧克力

1 　將巧克力放入可微波調理盆
　　內，以微波爐加熱20秒。

2 　將玉米片加入**1**內，以湯匙輕
　　柔攪拌。

☞成形‧冷藏凝固

3 　趁熱放入大小適當的烤模，調
　　整成花朵形狀，於中央配置銀
　　珠糖和粉紅食用閃粉，放入冰箱冷
　　藏凝固即完成。

請使用可以從下方推壓
脫模的模具。將較大的
脆片豎起放置，就會呈
現出花的姿態。

在部落格大受好評

栗子澀皮煮

每年我公公都會送來許多栗子,所以製作栗子澀皮煮是我的例行公事。雖然作法繁複,但精心製作就能醞釀絕佳滋味!栗子糖漿(熬汁)也很美味,還能靈活運用在其他甜點上。

::: **材料** :::::::::::::::::::::::::

1 kg份

栗子(帶殼)·························1kg
上白糖······························500g
小蘇打···························15g以上
　(若栗子皮厚就使用30g)

::: **事前準備** :::::::::::::::::::::

・小心清洗栗子,使用琺瑯鍋或不鏽鋼鍋,盛裝適量的水,水量以剛好蓋過材料為準。淘汰有洞或會浮起的栗子。

::: **作法** ::

📖 川燙栗子

1 將事前準備放在鍋中的栗子以大火加熱，煮5至10分鐘。

栗子稍微煮過後會較容易剝殼，省略此步驟也無妨。

2 以菜刀淺淺切開栗子底部（殼呈現粗糙不同色的交界），往上剝掉殼。

為避免受傷，可以戴手套。品質好的栗子殼薄，因此不要切得太深。剩下的粗筋之後再處理。

3 為避免**2**的栗子乾燥，帶著水分移往鍋內，並添加剛好蓋過栗子的水。加入5至10g的小蘇打後開大火。沸騰後轉小至中火煮10分鐘。

為避免栗子加熱時跳動造成破碎，得留意火侯，並一邊撈除雜質。

4 緩慢倒掉川燙用的水（第1次倒水使用竹篩也OK），然後沖水清洗。

鍋子會重複使用，所以一併清洗。

5 以牙籤等工具挑出栗子的粗筋，以指腹輕輕搓掉多餘的內膜。

本步驟動作務必要輕柔！徒手剝除栗子澀皮容易剝不乾淨

6 重複**3**至**5**的步驟3次，最後1至2次在鍋內加入剛好蓋過栗子的水後，開火煮到沸騰，再以小至中火煮五分鐘，去除小蘇打。

透過重覆煮好放涼→沸騰的過程，締造醇厚滋味。

📖 加入砂糖完成

7 在鍋內放入栗子，以及剛好蓋過栗子的水後加熱，上白糖分2至3次倒入鍋內，沸騰後以烘焙紙鋪在上面，然後蓋上鍋蓋，以小火熬煮20分鐘後留至鍋內放涼即完成。

關火後，亦可隨喜好加入白酒和白蘭地各1大匙。

還能用來製作其他甜點！

以食物處理機攪拌栗子和煮汁，加入鮮奶油後就成為栗子奶霜醬，立刻就能製作令人憧憬的蒙布朗。煮汁熬煮後可以像焦糖一般，淋在布丁上！

闔家歡樂 ☆

令人愉快的慶祝蛋糕

我很喜歡構思適合節慶的甜點，

比平常更加用心裝飾、改造基本款甜點的過程，

令人滿心喜悅！

能夠取悅親朋好友，非常有製作價值！

新 年

以假亂真！

伊達卷風
瑞士卷

作法同於P15介紹過的瑞士捲蛋糕。
使用伊達卷用的竹簾捲起蛋糕，外觀
幾乎一模一樣！

奶霜醬要確實塗抹到蛋糕體的兩
端。最後放入冰箱冷藏時，將蛋糕
捲的末端朝下擺放，就不會散開。

::: 材料 ::::::::::::::::::::::::::::::

25×30cm的方形烤模1個份

【海綿蛋糕麵糊】

鬆餅粉	60g
蛋	4顆
細砂糖（可換成上白糖）	50g
可可粉（無糖）	2大匙

【奶霜醬】

鮮奶油	200mℓ
板狀巧克力	150g

::: 事前準備 ::::::::::::::::::::::::

· 將可可粉和鬆餅粉混合過篩。
· 於烤模上鋪設烘焙紙。
· 烤箱預熱至200℃。
· 切碎板狀巧克力。

::: 作法 ::

☞製作海綿蛋糕麵糊

1 將蛋和細砂糖放入調理盆內，一邊隔水加熱，同時以手提式攪拌機攪**打至泛白**。當麵糊打出沉滯感，滴落呈緞帶狀時，改用果汁機以低速攪打1分鐘。

> 打至泛白約要花費10分鐘。

2 可可粉和鬆餅粉混合後，分數次加入**1**，以橡皮刮刀由下往上**攪拌約50次**。

> 攪拌不足會烤出質地粗糙的蛋糕，攪拌過度則會烤出過於緊實、口感欠佳的蛋糕。

3 將麵糊均勻倒滿整個烤模，以切刀抹平表面。數次提起烤模垂直落在桌面上，以排除大氣泡。

4 將烤模擺在烤網或是烤盤上，以200℃的烤箱**烘烤10分鐘**。烤好後以保鮮膜封起，在網架上放至完全冷卻。

> 烤好後以竹籤刺刺看，若竹籤上有麵糊沾黏，就再烤2至3分鐘。

☞製作巧克力奶霜醬‧捲起蛋糕

5 將巧克力放入小鍋內，**隔水加熱融化**。融化後離火直接放涼。

> 以微波爐融化巧克力也OK。放入可微波調理盆內，每次加熱1分鐘直到融化。

6 鮮奶油放入調理盆內，以手提式攪拌機打發至尖角稍微立起的程度（八分發）。加入**5**後，再度打發至尖角確實挺立的程度（九分發）。

7 緩緩取下**4**的保鮮膜、烘焙紙，放在沾濕的伊達卷用捲簾上（普通壽司捲簾亦可）。整塊蛋糕由靠近自己處外往，間距2cm**劃上淺刀痕**。捲起後會成為末端處，側面以45度角斜切。

> 劃上刀痕是為了方便捲起，以及仿效伊達卷的外觀。

8 **整塊蛋糕體薄塗一層奶霜醬**，剩餘的奶霜醬則在靠近自己側塗多一點。提起壽司捲墊由靠近自己側往外捲起。捲好後以保鮮膜連同壽司捲簾一起包起，放入冰箱**冷藏1小時**。

decoration

以濾茶器替蛋糕全面篩上可可粉即完成。

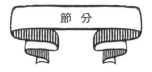

節分

祈求今年的幸運☆

惠方卷風瑞士卷

以薄烤的巧克力可麗餅模擬海苔，作成壽司卷風格。
看起來令人想整條吞下肚對吧？

::: **材料** ::::::::::::::::::::::::::::::

25×28c的烤盤 1個份

【海綿蛋糕麵糊】

鬆餅粉·····················60g
蛋·······················4顆
細砂糖（可換成上白糖）·········70g

【可麗餅麵糊】

   ┌ 鬆餅粉···············30g
A │ 黑可可粉（無糖）·········10g
   └ 細砂糖（可換成上白糖）·····10g
牛奶·····················50ml
蛋·······················1顆

【奶霜醬】

   ┌ 鮮奶油···············200ml
B │ 細砂糖（可換成上白糖）·····30g
   └ 香草精···············少許
喜歡的水果（奇異果、黃桃、白桃、草
莓、藍莓等）···············各適量

::: **事前準備** ::::::::::::::::::::::::

· 過篩海綿蛋糕材料中的鬆餅粉。可
麗餅麵糊材料中的可可粉、鬆餅粉
則混合過篩。

· 把蛋打散。

· 於烤模或烤盤上鋪設烘焙紙。

· 烤箱預熱至200℃。

· 水果縱切成大塊。

可麗餅麵糊若呈現牛奶巧克力的
淺色，外觀就會不像海苔，所以
請使用烘焙專用的黑可可粉。

::: 作法 :::

☞製作可麗餅麵糊

1 將A料放入調理盆內，以打蛋器攪拌，依序少量多次加入牛奶與蛋。儘量緩慢攪拌避免產生泡沫。

2 在烤盤中倒入薄薄一層1，以200℃的烤箱烘烤3至5分鐘，烤至邊緣變色取出後，靜置待溫度降至不燙手。

麵糊薄薄鋪滿烤盤後，就停止倒入。出爐後再次將烤箱預熱至200℃。

☞製作海綿蛋糕麵糊

3 參照P11牛奶瑞士卷的步驟1至3製作麵糊，將2倒入有可麗餅麵糊的烤盤，以切刀抹平表面。數次提起烤盤垂直落在桌面上，以排除大氣泡。

4 放入200℃的烤箱烘烤10分鐘。烤好後放在網架上面，以保鮮膜包裹，待溫度降至不燙手。

烤好後以竹籤刺刺看，若竹籤上有沾黏麵糊，就再烤3分鐘。

☞製作奶霜醬‧捲起蛋糕

5 將B料放入調理盆內，以手提式攪拌機攪打至尖角確實挺立的程度（九分發），作成奶霜醬。

6 待4降溫至不燙手後，緩緩取下保鮮膜，將蛋糕翻過來撕除烘焙紙。兩端側面以45度角切除（配合捲起的方向⇒參考P11的步驟7），可麗餅皮朝下，放在鋪有保鮮膜的壽司捲簾上。

如果沒有壽司捲墊，僅使用保鮮膜捲起亦可。

7 均勻塗上奶霜醬，在中央靠自己前面的位置配置一列水果。提起壽司捲簾，對齊兩端切面捲起蛋糕，以橡皮筋固定後，放入冰箱冷藏1小時即完成。

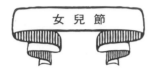

女兒節

以微波爐輕鬆完成！

蔬果女兒節蛋糕

以菱餅發想出的蛋糕，紅‧白‧綠三色蛋糕體為視覺重點。
以蔬菜汁上色，呈現健康的柔和色調。

::::: **材料** ::::::::::::::::::::::::

20×15cm的菱形蛋糕 1 個份

【海綿蛋糕麵糊】

鬆餅粉	200g
蛋	2顆
牛奶	70㎖
上白糖	50g
奶油（或人造奶油、沙拉油）	20g
蔬菜汁（胡蘿蔔、蕃茄等紅色系、高麗菜 等綠色系）	各40㎖

【奶霜醬】

A	鮮奶油	200㎖
	上白糖	30g
	香草精	適量
草莓		6顆

::::: **事前準備** :::::::::::::::::::

‧奶油回至室溫，如果太硬就以微波
　爐加熱10秒軟化。

‧將要夾在奶霜醬內的草莓去蒂、縱
　切成3等分。

將步驟4的蛋糕體包上保鮮膜，不僅能使蛋糕的膨脹程度均一，也會讓質地呈現濕潤。這項作業至關重要，請勿省略。

::: **作法** ::

☞製作麵糊

1 於調理盆內將蛋打散，依序加入上白糖、2大匙牛奶和鬆餅粉，攪拌均勻。加入奶油攪拌後，將麵糊分成3等分（目測即可）。

2 分別在三盆麵糊內各自慢慢加入紅色蔬菜汁、綠色蔬菜汁和牛奶，製作出3色麵糊。

3 在耐熱容器（尺寸約21×15cm左右）中鋪上保鮮膜，倒入1種麵糊。數次提起烤盤垂直落在桌面上，以排除大氣泡，使質地均一。

4 將3以微波爐加熱1分30秒，從容器內取出蛋糕體，以保鮮膜輕輕包覆後，上下翻轉後放回耐熱容器內，再次加熱1分30秒。其餘麵糊也以同樣方法加熱，並裹著保鮮膜直接放涼至不燙手。

初次加熱時，有時蛋糕體會仍未完全呈現固態，請特別留意。放入適合的容器內，同時加熱3種麵糊也OK。

☞製作奶霜醬‧裝飾蛋糕

5 將A料放入調理盆內，以手提式攪拌機打至尖角微立的程度（八分發），作成奶霜醬。

6 於4的蛋糕體（依綠白紅的順序）上塗抹奶霜醬，放上草莓片。第二層蛋糕體也以同樣方法塗上奶霜醬並放上草莓片，最後全部疊起來。

7 以加熱過的刀切掉蛋糕四邊，調整成菱形。隨喜好裝飾即完成。

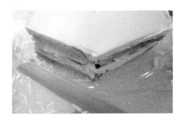

decoration

將草莓、蘋果、藍莓等喜歡的水果切小塊配置在蛋糕上。並於水果周圍擠上打至尖角微立（八分發）的奶霜醬。

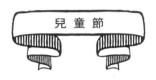

兒童節

以喜歡的水果作為夾心

鯉魚旗鬆餅

運用鬆餅粉跟蔬菜汁，就能作出三色鯉魚旗！
裝飾時還能享受繪畫之樂。

::: **材料** :::::::::::::::::::

直徑15cm 的鬆餅6片份

【鬆餅麵糊】

鬆餅粉··················150g
牛奶······················4大匙
蛋··························1顆
蔬菜汁（胡蘿蔔、蕃茄等紅色系、高麗菜
　等綠色系）··········各2大匙

【奶霜醬·裝飾】

A [鮮奶油··················100㎖
　　細砂糖（可換成上白糖）··10g
巧克力筆、喜歡的水果········各適量

::: **事前準備** :::::::::::::::

· 把蛋打散。
· 水果切成小塊。

────────────────

加熱時不蓋鍋蓋也OK。烤色太深
會看不見刻意調出的顏色，因此
以偏弱的火侯烘烤吧。

────────────────

::: **作法** :::::::::::::::::::

☞**製作鬆餅**

1 將鬆餅粉、蛋和牛奶3大匙放
入調理盆內，充分攪拌至沒有
結塊。

2 將1分成3等分（目測即可），
然後分別慢慢加入紅色蔬菜
汁、綠色蔬菜汁跟牛奶2大匙，製
作3色麵糊。

3 加熱平底鍋，熱鍋完畢後，將
鍋子移至濕毛巾上降溫。

4 將2的一半倒入平底鍋內，以
小至中火加熱。待開始冒出氣
泡、略微呈現烤色時翻面，以相同
方式煎烤另一面後起鍋。重複此作
法為各色分別煎出6片鬆餅。

5 鬆餅放涼後對半切開，將各色
鬆餅取1片，上部稍微斜切下
一角。

☞**製作奶霜醬·裝飾**

6 將A料放入調理盆內，以手提
式攪拌機打至尖角微立的程度
（八分發），作成奶霜醬。

7 以鬆餅夾住奶霜醬和水果，將
斜切下來的鬆餅夾入當成魚
尾。加熱巧克力筆，描繪出鯉魚的
花紋即完成。

萬聖節

交給電子鍋就搞定

軟綿綿南瓜蛋糕

以電子鍋就能烘烤，相當簡單。
製作模板、撒上可可粉，就能描繪出完美的傑克南瓜臉。

::: 材料 :::

10人份電子鍋1個份
※若使用6人份電子鍋，就將各種材料的份量減半，3人份電子鍋就將份量減為1/3。

鬆餅粉	200g
南瓜	150g
A 奶油（或人造奶油）	150g
上白糖	100至150g
蛋	小尺寸3顆
肉桂粉	依喜好1小匙
黑可可粉	1大匙

::: 事前準備 :::

・削除南瓜外皮，切成5mm厚。
・把蛋打散。
・烘焙紙配合電子鍋內鍋直徑，裁成圓形，鏤空裁切出傑克南瓜的臉作成模板。

烘烤時間會依機種有所差異。以竹籤刺入不顯眼之處，若有沾黏麵糊就再次烘烤。

::: 作法 :::

☞製作麵糊

1 將南瓜放入耐熱容器內，以電子鍋加熱8分鐘。取出後趁熱以打蛋器打成泥。加入A料，以餘熱融化並攪拌。

2 在1內加入蛋後攪拌，加入鬆餅粉、肉桂粉後繼續攪拌。倒入電子鍋內鍋，數次提起內鍋垂直落在桌面上，以排除大氣泡。內鍋放入電子鍋後，按下煮飯鈕。

☞塗抹可可粉

3 烘烤完成後，放涼至不燙手後取出。將傑克南瓜的模板放在蛋糕上，塗抹上黑可可粉即完成。

以竹籤刺入，如果有麵糊沾黏，就再次放回電子鍋按下煮飯鈕烘烤。以手指沾取少量黑可可粉塗抹在蛋糕上，就能清楚描繪出圖案。

decoration
放上抹茶奶霜醬（份量外）妝點。

聖誕節

替平安夜增添華麗感

泡芙塔

層層堆疊的泡芙顯得華麗非凡。完成後肯定會感到心滿意足。
亦可隨喜好於泡芙填入奶霜醬。

::: 材料 :::

30cm高的泡芙塔1座份·每次烘烤一半

鬆餅粉 100g

A ┌ 水 .... 200㎖
  │ 沙拉油 90g
  └ 鹽 2小撮

蛋 3顆

【奶霜醬（黏接用）】

鮮奶油 .... 200㎖
上白糖 20g

::: 事前準備 :::

・蛋回至常溫，充分打散。
・將奶霜醬的材料放入調理盆內，以
  手提式攪拌機攪打至尖角挺立的程
  度（九分發），然後放入冰箱冷藏。
・於烤盤上鋪設烘焙紙。
・以30×45cm的厚紙板製作25cm高
  的圓錐形紙模，以保鮮膜纏繞固
  定。

由於泡芙麵糊擺放太久會難以膨
脹，所以需要分成兩批製作，單批
製作能一起烤的份量（約20顆）。

::: 作法 :::

☞製作麵糊·烘烤

1 將半量的A料放入可微波調理
盆內，不封保鮮膜，直接以微波
爐加熱2分30秒。取出後立刻加入
半量的鬆餅粉，以湯匙迅速攪拌直
到粉末感消失。

2 將1以微波爐加熱50秒後取
出，將半量的蛋分數次加入後
攪拌均勻。當麵糊呈現舀起時會有
尖角殘留的硬度時，將烤箱預熱至
190℃。

3 以湯匙舀起麵糊，於烤盤上分
成每個約直徑2cm的大小，以
噴霧器噴濕整個手掌塑形。放入
190℃的烤箱烘烤15分鐘後，再以
170℃烤15分鐘。剩下的材料也以
相同方法作成麵糊並烘烤。

☞堆疊泡芙

4 待3降溫至不燙手後，將較大
的泡芙配置於圓錐形紙模周
圍。擠上少量事前準備的奶霜醬，
黏著其他泡芙，以螺旋狀進行配
置。

decoration

依喜好以水果、巧克力玫瑰
和緞帶加以點綴、以濾茶網
撒上適量糖粉即完成。

聖誕節

無須發酵超省事
簡易德式聖誕麵包

無須發酵就能製作的祕密，在於使用鬆餅粉和水切優格。
膨鬆又充滿嚼勁，口味近似發酵麵包。

::: **材料** :::::::::::::::::::::::::::

25×11cm 2個份

鬆餅粉	300g
水果乾	200g
蘭姆酒	3大匙
原味優格	400g（瀝水後約70g）
A ⌈ 奶油（或人造奶油）	70g
⌊ 細砂糖（可換成上白糖）	70g
蛋	半顆

【裝飾用】

奶油（或人造奶油）	1大匙
糖粉	3大匙

::: **事前準備** ::::::::::::::::::::

・優格放在竹篩上靜置一晚，瀝去水
　分，作成水切優格。若要馬上使
　用，請將優格、小半匙的鹽（份量
　外）放入調理盆內，以微波爐加熱2
　分鐘，再以廚房紙巾擠乾水分。
・奶油切成小塊，回至室溫。
・於烤盤上鋪設烘焙紙。

────────────────

　剛烤好的麵包很柔軟，觸碰時要
留意。如果優格的水分瀝去太
多，不足的重量以鬆餅粉補足。

────────────────

::: **作法** ::::::::::::::::::::::::::::

☞**醃漬水果乾**

1 　水果乾放入竹篩內，淋上沸騰
的水去除油份，拭去水分後移
至可微波調理盆，加入蘭姆酒攪
拌。放入微波爐加熱1分鐘，緩慢
攪拌等待冷卻。

☞**製作麵團烘烤**

2 　將鬆餅粉、水切優格和A料放
入調理盆內，緊貼著盆底拌
勻，依序加入蛋、水果乾，每次加
入都要攪拌均勻。

攪拌時儘量避免壓破水果乾。

3 　將**2**的麵團取半量放在保鮮膜
上，以手按壓去除空氣的同
時，整成13×22cm的大小。提起靠
自己那端的保鮮膜，將麵團對折。
剩下的麵團也以相同作法成形。

摺好後麵團寬度約6cm。折疊時就
像在折嬰兒包巾般，稍微錯開。成
形後，先將奶油放入耐熱容器內，
以微波爐加熱融化，將烤箱預熱至
160℃。

4 　將**3**排放在烤盤上，以160℃的
烤箱烘烤35至40分鐘。取出後
趁熱塗抹融化的奶油，放在網架
上，待降溫至不燙手後撒上大量糖
粉即完成。

烘焙良品 92

鬆餅粉就能作蛋糕！
美味・蓬鬆・零失敗的幸福甜點30＋

作　　　　者／森本有香里
翻　　　　譯／姜柏如
發　行　　人／詹慶和
執　行　編　輯／陳昕儀
編　　　　輯／蔡毓玲・劉蕙寧・黃璟安・陳姿伶
執　行　美　編／韓欣恬
美　術　編　輯／陳麗娜・周盈汝
出　　版　　者／良品文化館
發　　行　　者／雅書堂文化事業有限公司
郵政劃撥帳號／18225950
戶　　　　名／雅書堂文化事業有限公司
地　　　　址／220新北市板橋區板新路206號3樓
電　子　信　箱／elegant.books@msa.hinet.net
網　　　　址／www.elegantbooks.com.tw
電　　　　話／(02)8952-4078
傳　　　　真／(02)8952-4084

2020年7月初版一刷　定價350元

"*MOMORA* NO OUCHI DE KANTAN! SHIAWASE
OKASHI" by Yukari Morimoto
Copyright © 2015 Yukari Morimoto
All rights reserved.
Original Japanese edition published by SHUFU-TO-
SEIKATSU SHA LTD., Tokyo.

This Complex Chinese language edition is published by
arrangement with SHUFU-TO-SEIKATSU SHA LTD., Tokyo in
care of Tuttle-Mori Agency, Inc., Tokyo through Keio Cultural
Enterprise Co., Ltd., New Taipei City.

經銷／易可數位行銷股份有限公司
地址／新北市新店區寶橋路235巷6弄3號5樓
電話／（02）8911-0825 傳真／（02）8911-0801

國家圖書館出版品預行編目(CIP)資料

鬆餅粉就能作蛋糕!美味.蓬鬆.零失敗的幸福甜點30＋ / 森本
有香里著；姜柏如翻譯.
-- 初版. -- 新北市：良品文化館出版：雅書堂文化發行，
2020.07
　面；　公分. --（烘焙良品；92）
ISBN 978-986-7627-26-1(（平裝)

1.點心食譜

427.16　　　　　　　　　　　　　　109007772

森本有香里（Momora）

日本神奈川縣人。除了操持家務外，同時擔任理
財規劃講師。在食品公司習得料理和甜點的烹飪
基礎後，於2012年10月開始在Cookpad等食譜分享
網站發表食譜。2014年起開設部落格「*Momora*的古都廚房」，
利用鬆餅粉等家中現成材料，簡單製作的有趣食譜大受好評。同
時也是樂天食譜官方網站大使。

*Momora*的古都廚房
http://momorarecipe.blog.fc2.com/

原書Staff

攝　　　　影／森一美（STUDIO JIJI）
　　　　　　　森本有香里
書　本　設　計／いわながさとこ
企劃・取材／坂本典子・佐藤由美（シェルト＊ゴ）
校　　　　對／滝田恵（シェルト＊ゴ）
攝　影　協　助／南 智子
責　任　編　輯／束田卓郎